Achim Schwarze

Das standesgemäße Extra
für
Mercedes-Fahrer
gemein – lustig – lebensnah

mit Illustrationen von
Oscar M. Barrientos

Eichborn Verlag

Ein herzliches »Hallo Partner, Danke schön!« an 2,5 Millionen Mercedesfahrer, ohne die es dieses Buch nicht geben würde. Und Andreas Stelzer (Recherche). Sowie Eugen Pletsch (Autobahn) und Asoka Weerasinge (Vermieter).

CIP-Titelaufnahme der Deutschen Bibliothek

Schwarze, Achim:
Das standesgemäße Extra für Mercedesfahrer : gemein, lustig, lebensnah / Achim Schwarze. – Frankfurt am Main : Eichborn, 1988
ISBN 3-8218-1874-3

© Vito von Eichborn GmbH & Co. Verlag KG, Frankfurt am Main, April 1988.
Cover: Uwe Gruhle unter Verwendung einer Illustration von Oscar M. Barrientos.
Gesamtherstellung: Fuldaer Verlagsanstalt GmbH.
ISBN 3-8218-1874-3
Verlagsverzeichnis schickt gern:
Eichborn Verlag, Hanauer Landstraße 175, D-6000 Frankfurt 1

INHALT

EINLEITUNG 7

DER DEFINITIVE DEUTSCHE WAGEN 9
   Die mobile Elite

Die Mercedes-Sekten 10
   Wer betet welchen Mercedes an? * Die Einspritzer * Die Diesel * Die Kompakten * Die Mittelklässler * Die Millionäre * Die Oben-Ohnen

Propaganda-Poesie aus Untertürkheim 12
   260 SE bis 560 SEL * 420 SEC bis 560 SEC * 300 SL bis 500 SL * 190 bis 190 E 2.6 * 190 D bis 190 D 2.5 * 190 E 2.3 – 16 * 200 bis 300 E * 200 D bis 300 D * 230 CE bis 300 CE * T-Modelle * G wie Gelände * Gemeinsamkeiten * Buchstabensuppe * Warum so einfallslose Typenbezeichnungen?

Die Altersfrage 19
   Neuwagenkäufer * Unnatürliche Personen * Umsteiger * Jahreswagen * Gebraucht, aber noch nicht lange * Peinlich alt * Ausgelaufene Modelle * Mercedes-Verbot * Kranke Mercedesse * Oldies * Mercedes-Soziologie

Die Geschmacksrichtungen 23
   Der Adenauer * Flosse und Pagode * Strichachter * Die Zeit der Macher * Die Keile * Chrom

Unglaublich, aber leider wahr! 26
   Wartezeiten – gesamtdeutsche Meisterschaften * Die »sprichwörtliche Exclusivität« * Kleine Geschichtsstunde * Was wir Mercedes sonst noch verzeihen

EXTRAS 29

Extras, die man unbedingt braucht * Die eingebaute Vorfahrt * Was haben andere Marken stattdessen eingebaut? * Unverzichtbare Accessoires * Standesgemäße Aufkleber * Autotelefon * Autotelefon, die Zweite * Was müßte verbessert werden? * Noch schöner als ab Werk * Potenz-Kitsch * Sonderlackierungen * Alarmanlage * Die Werkstatt – das schönste und teuerste Extra

DAS ELITÄRE GEPÄCK 41

Geheimnisvoller Kofferraum * Handschuhfach * Was liegt auf Ablage und Rückbank? * Der CW-Turbo-Dachsarg * Der Mercedes-Hund * Mercedes als Zugmaschine * Welche Musik?

MERCEDESFAHRER-STECKBRIEFE 47

Die grauen Klassiker

Der Chef * Der Manager *Der Funktionär * Der Vertreter * Der leitende Angestellte * Arzt und Zahnarzt * Rechtsanwalt und Anlageberater * Sonstige Freiberufler

Klein-Klein 50

Taxifahrer * Der Bauer * Rentner * Der solide Kleinbürger * Der Minderbemittelte * Der Handwerksmeister * Der Gastwirt * »Ich schaff beim Benz«

Frauen 55

Die Karrierefrau * Die Ehefrau * Rosemarie Nitribitt Nachf.

Sonstige Mercedesfahrer 58

Junggesellen und Ehemänner * Der Yuppie * Der (halb)alternative Mercedesfahrer * Der Musiker * Der Scheich * US-GIs

Friemler 63

Der Selbstbastler * Der echte Oldiefan

Suspekte Typen 66

Unterweltler * Zuhälter * Fußballer * Jäger * Zigeuner * Politiker * Ganz große Tiere * BMW-Umsteiger * Der engagierte Nicht-Mercedesfahrer * Prominente * Prominente, die Mercedes fahren sollten

MERCEDESFAHRER PRIVAT 73

Unter sich * Der Wagen, unser Wagen, dein Wagen? * Sex * Mercedes und Aufreißen * Der Mercedes als Darsteller * Shopping * Sammel-Fimmel * Anhalter * Junkies und Drogenkarriere * Vom Mercedes träumen * An Freunde verleihen

EXTREM WICHTIGE KLEINIGKEITEN 81

Die Typenschild-Gewissensfrage * Der Stern-Kult * Ganz persönliche Nummernschilder * Ob man Benz, Daimler oder Mercedes sagt * Die Mercedes-mäßige Garage * Der angesagte Zweitwagen * Kunstparken, Kampfparken, Schauparken * Das ruhige ökologische Gewissen * Der Wagen muß eingefahren werden * Kleinigkeiten

KATASTROPHEN 91

Kratzer * Unfall * Helfer * Liegenbleiben * Anlasser im Eimer * Abgeschleppt * Kinder * zerstochene Reifen * Licht angelassen * Pfändung * Ehemalige Mercedesfahrer

WIR UND DER REST – DIE FREIE WILDBAHN 96

Das Autobahn-Verfolgerfeld * Bullen * Politessen * DDR und Papua-Neuguinea * Im Urlaub * Im Stau * Kavaliere der Straße * Perverse S/M-Erziehungsspiele * Zen und die Kunst des Mercedes-Fahrens * Wie wir die anderen sehen * Es hat gekracht!

DAS MERCEDES-LEBEN 107

Mercedes zum Golfpreis * Stützpunkt mit Märchenonkel * Höhere Mathematik * Scheckheft von Privat * Das würdige Ende

EINLEITUNG

Wer sind diese Menschen, die den Buchstaben »E« heiligen und für ihn 5.500,- Mark Aufpreis bezahlen? Wo genau im Mercedes ist die Vorfahrt eingebaut? Ist der Mercedesfahrer wirklich die von Vordenker Nietzsche geforderte Weiterentwicklung zum Übermenschen? Warum darf Mireille Mathieu trotzdem Mercedes fahren?
Die internationale Mensch-Forschung hat dem Phänomen Mercedesfahrer bisher bei weitem zu wenig Beachtung geschenkt. Was um so erstaunlicher anmutet, als der Mercedesfahrer doch nichts ausläßt, um beachtet zu werden: Dauerlinksblinken, Lichthupe, Stoßstangenfahrt auf der Autobahn; in 9,6 Sekunden von null auf 100 Rückwärtsbeschleunigung in die Einbahnstraße auf der Parkplatzjagd; Kunstparken, Kampfparken, Schauparken in der City.
Auch die Antworten auf quälende Identitätsfragen der Mercedes-Gemeinde stehen aus: Typenschild abmontieren oder dranlassen? Sagt man Benz, Daimler oder Mercedes? Verstoßen Spoiler gegen das deutsche Reinheitsgebot? Kann man mit dem Turnierpferde-Anhänger ins Parkhaus fahren? Sollte ein Mercedes in der Nordsee bestattet werden?
Die vorliegende Untersuchung betritt wissenschaftliches Neuland zu einer Zeit, da selbst die Mehrzahl der Fachleute Menschen und Mercedesfahrer nur unterscheiden kann, wenn die Zweiteren ihr sichtbarstes Merkmal dabei haben: den Benz. Die ausführliche Typologie der vielfältig verschiedenen Mercedesfahrer und eine kompetente Einführung in die esoterischen Feinheiten ihrer Welt der Kasten und Bekenntnisse, der Fetische und Symbole, der kleinen, aber immer feinen Unterschiede schließt eine wichtige Lücke im Geltungsbereich der eingebauten Vorfahrt: dies ist das letzte Extra für Mercedesfahrer!

DER DEFINITIVE
DEUTSCHE WAGEN

DIE MOBILE ELITE

Tellerwäscher kämpfen sich schonungslos den steinigen Karriereweg nach oben. Auf der Zielgeraden steigen sie mit wunden Ellenbogen in einen – ihren! – Mercedes und lenken ihn in die erste Million. Andere Mitmenschen haben schon beim Startschuß genetisches Glück und bekommen die S-Klasse in die Wiege gelegt.

Jedem echten Mercedesfahrer ist sein Mercedes Schicksalssache und Selbstverständlichkeit, ein natürlicher und zwangsläufiger Bestandteil seiner Existenz, ja seiner Bestimmung auf dieser Welt. Für andere Marken kann man sich entscheiden, zu Mercedes fühlt man sich gezwungen: das Stern-Zeichen ist Karma! Der Mercedes-Brahmane sieht in seinem Mercedes das letzte Glied zur Vollkommenheit, durch das sich weitere lästige Wiedergeburten vermeiden lassen.

Die Elite fährt und fuhr schon immer Mercedes, weil erstens siehe oben und weil zweitens nur die Elite über das Schweinegeld verfügt(e), das ein Mercedes kostet(e) — über die Billig-Mercedesse und das Trauerspiel »Aufweichung der Werte und Symbole« später. Das Fußvolk, auch wenn es sich inzwischen Mazda und andere Fußvolkswagen leistet, hat das seit jeher kapiert. Die einfachen Massen schauen voll Ehrfurcht auf uns da oben hinterm Stern, und wenn sie Deutsche sind (= Mitglieder der Welt-Elite), sind sie stolz, daß **wir** wiedermal führen – automäßig, weltweit.

An jedem Gramm Plastik und Blech aus Untertürkheim kleben Wohlgeburt, Jet-Set und Generaldirektor. Führend, dynamisch, erfolgreich sind wir beide, mein Wagen und ich, V.I.P. und V.I.C[1] – zweimal erster Klasse bitte – und, weil das nun mal dazugehört, auch ziemlich konservativ: Wer viel hat, der hat auch viel zu konservieren.

Kein Wunder, daß so ein Wagen über magische Fähigkeiten verfügt. Außer der rückstandslosen Vernichtung mittlerer Einkommen gelingt im auch die Verwandlung normalen Menschenmaterials in Elite. Kaum fällt die wuch-

---

[1] = Very Important Car

tige Mercedes-Tür imposant gedämpft ins Schloß, spürt man blaues Blut in den eigenen Adern pochen und einen Dr. h.c. in der Heldenbrust wachsen, riecht den Duft der eigenen Reitpferde, erblickt das eigene, blitzend weiße Motorboot im (automatisch beheizten!) Rückspiegel und wird auf dem Weg ins eigene Reethaus auf Sylt nur einmal kurz Station machen: um sich eine erfrischende Talerdusche zu gönnen.

Was oft fälschlich als »Fahrgefühl« bezeichnet wird, ist in Wirklichkeit das »Chef-Gefühl«, das »Dazugehören-Gefühl«, das »Reichsein-Gefühl« – die Mercedes-Propaganda spricht treffsicher von »Wert-Gefühl« – und dieser Ritterschlag für Ärmelhochkrempler und feine Gesellschaft funktioniert genauso beim Parken.

In seinen wesentlichen Merkmalen gleicht ein Mercedes dem Bundesverdienstkreuz: überwiegend Blech.

Die Mercedes-Sekten

WER BETET WELCHEN MERCEDES AN?

Wo für die dumpfe Masse der Begriff »Mercedes« reicht – mit einer Mischung von Haß und Bewunderung ausgesprochen, die man am besten als Neid bezeichnen würde –, fängt für die kultivierte Stern-Gemeinde erst ihr unendlicher Kosmos status-religiöser Feinheiten an, geeint nur durch das Sakrament der Eingebauten Vorfahrt. Je nach Bekenntnis unterscheidet die Mercedes-Forschung folgende Sekten:

DIE EINSPRITZER

Auf und nieder gleitet der Kolben im wohlgeschmierten Zylinderrohr. Im genau richtigen Moment wird eingespritzt. Explosion! Das bringt einen ganz schön in Fahrt.

Der potente Vorzeiger vergöttert das E. Es steht für »Eigentlich-genauso-aber-irgendwie-besser«. Der zusätzliche Buchstabe ohne großen zusätzlichen Vorteil kostet den Fetischisten 5.500,- Mark extra. Aber irgendwie hat sich das Gerücht über gutgeschmierte Autokritiker verbreiten lassen, daß im Einspritzer die astronautenmäßige Fortbewegung verkauft wird. Außerdem haben die großen S-Modelle auch alle E. Fünfmal mehr Verrückte lassen sich im 190 E statt im banalen 190 die Luft der Exclusivität (bitte immer mit »CC«) um die CW-Nase wehen.

DIE DIESEL

Als Taxi (seit 1935) in der Stadt und als Bauern-Porsche auf dem Land repräsentierte der D schon immer das Bekenntnis zu einem Maximum an Biederkeit und erdig stolzer Solidität, ein lautes und lahmes Kaltblut, das man nur mit Hut auf dem Kopf angemessen reiten kann. Unzerstörbar, langlebig, unempfindlich. D fahren die, die sich nicht ausrotten lassen.
In den 70er Jahren waren die mit dem D hinten dran plötzlich die Guten, S, E und L spielten die Schurken, weil sich Betroffenheits-Zirkel einreden ließen, die blaue Zurück-zur-Natur-Wolke des D sei so eine Art Waldverbesserer. Mit den etwas zugkräftigeren Dieseln 240 D und 300 D konnte man inzwischen sogar biologisch-dynamisch fahren.

DIE KOMPAKTEN

Niedergang, Zerfall, Entwertung! Der »Baby-Benz« (US-Bezeichnung) für Konvertiten von BMW (Umsatz der 3er ist um 54 % zurückgegangen), VW (besonders GTI, trotz 10.000,- Mehrpreis) und Audi. Eines Tages wird Mercedes-Benz dem nach Spekulationen angeschlagenen VW-Konzern die Bezeichnung »Volkswagen« abkaufen und den 120 E rausbringen.

DIE MITTELKLÄSSLER

Man muß wissen, wo man steht, der Mercedesfahrer der Mittelklasse, schweigend fahrende Mehrheit, weiß dies besser als jeder andere. Sein Mercedes-Typ ist ein Bekenntnis, so konkret wie sein »Freiheit oder Sozialismus« und sein »Weiter so Deutschland«. »230« sagt halt 230 und meint auch 230, nicht etwa 190 oder 200, das wäre dann doch nicht genug, aber auch nicht 250, denn schließlich: wo braucht man das bißchen mehr schon in der Praxis. 230 E, ja gerne, aber erst beim nächsten Mal. 280, nein, der kleine Sprung lohnt die Mehrkosten nicht. Oder S? Nein, da gehört man nicht dazu. Auch D, das andere Extrem, wollen wir vermeiden, es wäre zu kleinkariert.

DIE MILLIONÄRE

Die Herrenfahrer lieben es klotzig, schwer und gewaltig. Und wie immer, wenn Millionäre sinnlos Riesensummen verplempern, mußte auch hier zur Bezeichnung des Bekenntnisses der Begriff »Sport« her: die »S-Klasse«.

DIE OBEN-OHNEN

Beim deutschen Mistwetter fahren die Oben-Ohne-Modelle fast grundsätzlich oben mit. Ihr SL ist das vierrädrige Komfort-Motorrad mit Regensicherung. Er macht um 20 Jahre jünger (man kann sich ihn erst ab 45 leisten) und verströmt das Gefühl, dank Lederlenkrad und Handschuhen mit dem Abenteuer der Piste zu verschmelzen. Selbst im täglichen Stau noch.

Propaganda-Poesie aus Untertürkheim

Dem Mercedesfahrer prospektmäßig aus dem Herzen gesprochen.

260 SE bis 560 SEL
(nur 58 – 127.000,- Mark)

Am deutschen Wesen wird die Welt genesen. Um den bescheidenen »Anspruch der S-Klasse zu rechtfertigen: weltweit das Leitbild des vollendeten Fahrens zu sein«, hat Mercedes ein »international maßstabgebendes Fahrzeug« erschaffen und damit die »Wende im internationalen Automobilbau eingeleitet«. »In aller Welt zum Ideal« ist diese »Leistungs-Elite in Technik und Linie« geraten, die nichts weniger als »das technische und nutzenmäßige Optimum« darstellt, gelingensmäßig gesprochen.
»Der weltweit maßgebende Rang der S-Klasse« als »Leitbild in Leistung und Linie« mutet uns dabei nichts gefährlich Neues zu, alles ist »sinnvolle Weiterentwicklung« und »Weiterentwicklung, die den fortschrittlich-dynamischen Grundcharakter der S-Klasse noch mehr unterstreicht«, »sichtbar auch in der weiterentwickelten Form«. Der ultra-konservative Durchschnittskunde dieser Direktionslimousinen spürt in diesem »Raum für Entlastung und Geborgenheit« mit der »einzigartigen Atmosphäre der

Großzügigkeit« allenthalben die graumelierte »Reife der Konstruktion«, alles ist »konsequent zur Reife gebracht«. Zum Glück, denn leicht wird »unausgereifter ›Progressivismus‹ zum unlösbaren Problem«, »gerade da, wo Technik sich dem Einblick entzieht«, und das ist ja überall. Besonders der einblicksentzogenen Elektronik traut der Chef traditionell nicht über den Weg. In liebenswert gestriger Formulierung stellt uns Mercedes beruhigende Beispiele »ausgereifter Mercedes-Elektronik« in Gestalt von »Kontrollampen (...) für den Ausfall von Glühlampen der gesamten Außenbeleuchtung« vor. In den progressivistischen Mercedes-Prospekten der progressivistischeren Typen hätte das anders geklungen: »effektive Kontrollfelder für Funktionsstörungen der äußeren Beleuchtungselemente«.

Nun noch zum Sprichwortteil: »Sprichwörtliche Lebensdauer«... »gehört zum sprichwörtlichen Gesamtgegenwert eines Mercedes«. Dazu die »Dauerfestigkeit«, sicher auch sprichwörtlich.

420 SEC bis 560 SEC
(nur 101 – 140.000,- Mark)

Der SEC schindet »höchsten Wert-Eindruck« durch allerlei Blendwerk wie »15-Zoll-Räder mit attraktiven Radblenden« als »sportlich-eleganter Ausdruck führender Kompetenz«, eine »sportliche Eleganz, die nach vorn weist. Durch dynamische, aber zeitlose Ausstrahlung«. »Die Optik von starkem Ausdruck. Ausnahme und Blickfang im Straßenbild«. »Optik« sagt man heute, wenn einem das altdeutsche Wort »Aussehen« nicht einfallen will. Und »Ausnahme« ist auch alles, was wirklich zählt: der Ausnahme-Fußballer Maradona, der Ausnahme-Schwimmer Groß, der Ausnahme-Tenor Domingo oder das Ausnahme-Automobil Mercedes, jedenfalls, wenn es kompetente Felgen hat.

Dazu der »Leistungs-Charakter: souverän-ruhige und zugleich spontane Kraftentfaltung«, »konkret erlebbar in der Beschleunigung«. Spontan und konkret erlebbar, so lieben wir's, ohne umständliches Vorspiel. Sogar komplizierte Emotionen entstehen ohne Zeitverlust: »Geborgenheit ist sofort spürbar«.

Wenn sich dazu noch »das Raumerlebnis der großen Coupés« und die »sprichwörtliche Dauerleistungs-Festigkeit« gesellen, wird sonnenklar: Unser SEC ist »ein Platz für optimale Führung«, hat »zwei leicht schließende Türen« und »auf Wunsch Fanfare-Zweiklang«, durch die das »Fahren als souveräne Führung« wohl erst möglich wird. »Ein Entweder-Oder gibt es nicht«, dafür aber »Exklusivität serienmäßig«. Wie sie das wohl anstellen?

13

300 SL bis 500 SL
(nur 71 – 95.000,- Mark)

»Nach der ersten Stunde fühlen Sie sich wie zu Hause« in dieser »sportlichen Atmosphäre«, der »Atmosphäre der Geborgenheit«. Schuld daran ist wohl die Zauber-»Formel ›SL‹«, die wie ein gutes Deo wirkt: wir fühlen uns »nach vielen Stunden noch völlig frisch«. SL bedeutet »Genuß für Kenner und Individualisten«. Darauf einen Dujardin.

»Der Reiz des Unkonventionellen und Spontanen« bekommt im SL beinahe religiöse Züge, denn die »Einheit von fahrerischem Erlebnis und technischer Fahrzeugfunktion ist vollkommen«. Der SL-Jünger verschmilzt mit dem Mercedes-Universum, wird eins, erlebt »das bewußte Fahr-Erlebnis – die direkte Verbundenheit mit seinem Fahrzeug und dessen Funktion – z.B. durch schalenförmig ausgelegte Sitze und den nahen Kontakt zu allen Armaturen dieses zweisitzigen Sondertyps«. Das führt zum zen-mäßigen »Bewußtsein der Qualität«.

190 bis 190 E 2.6
(nur 33 – 48.000,- Mark)

Ein beachtlicher Wurf, der »Baby-Benz« (US-Bezeichnung des 190), der »unter dem Leitwort ›Das Beste oder nichts‹«... »mit 86 % gewischter Frontscheibenfläche Weltbestleistung erzielt.« »Sie freuen sich jeden Tag darauf.« Wie auf Jakobs Krönung. Denn der 190 hat »alles was frei macht«. Damit er es ewig behält, gibt es die »auto-lebenslange Qualitätsbetreuung«.

Wir erfahren, daß man eine Zuständigkeit nicht nur haben, sondern auch »sein« und sogar »bleiben« kann, vorausgesetzt, man verfügt über die »Kompetenz, [die] notwendig ist, um die maßgebende Zuständigkeit in Sachen Automobil zu sein und zu bleiben«. Dabei helfen die richtigen Materialien: ein »hoher Anteil wertvoller Kunststoffe«, »kathodische Elektrotauchlackierung mit hochhaftfähigen Harzen«, »hochzäher PVC-Unterbodenschutz« plus »Spezialwachs« ergibt ein hochüberzeugendes und hochpreisiges Auto. »Die 190er wären keine Mercedes-Benz«[2] ohne diese »grundsolide Bauweise«.

»Fahrkomfort wie in größeren Mercedes-Limousinen. Starkes Temperament...«, eben ein »Erlebnis der dynamischen Art«, ganz »wie in der S-Klasse«. »Sie erleben Bewegungsfreiheit wie in größeren Mercedes-

---

[2] Wir lernen, daß der amtliche Plural von Mercedes-Benz eigentlich Mercedes-Benz ist, bleiben aber bei unserer angeborenen Ignoranz: Mercedesse.

Limousinen.« Der 190 ist eigentlich S-Klasse – ganz genauso, nur anders. Sogar »sofortiges Anspringen« wird uns versprochen und dazu »ein charakteristisches Gesicht in der Menge«, so überaus charakteristisch und absolut einmalig, daß »über siebenhunderttausend 190er-Fahrer begeistert« sind.

Und »die Leistung kommt voll auf den Boden«, deshalb sind 190er »Ideal-Automobile für Fahrer, (...) denen es Spaß macht, engagiert und fair zu fahren.« Die »spontane Kraftentfaltung, der dynamische Durchzug«, gerade da, »wo die Kraft vor allem gebraucht wird, z. B. im Stadtverkehr«, dient dem »Schutz der Insassen wie der Verkehrspartner draußen«. Der 190er heilt jeden gefrusteten Fahrmuffel: »Die kompakten 190er geben Ihnen den Spaß am Fahren wieder.«

190 D und 190 D 2.5 Turbo
(nur 32 – 44.000,- Mark)

Autos sind leblose Gegenstände? Ganz falsch! Mit »dem lebendigen 190 D« hat ein »Konzept eine Überzeugungsarbeit geleistet, wie sie in der Automobilgeschichte selten ist«. Krönung der Einsicht: »Billige Spitzenleistungen gibt es nicht«, höchstens ein »Paket kostensenkender Faktoren«.

190 E 2.3 – 16
(nur 62.700,- Mark)

Der mit albernen Spoilern und Schürzen rundum zum überpotenten Zuhälterwagen aufgemotzte Capri-Manta von Mercedes bringt das »Gefühl der Geborgenheit« mit der »sportlichen Anmutung« zusammen und bleibt bei aller Geschmacklosigkeit »ein reinrassiger Mercedes«. Vor uns steht »gelungenes Design«, ja »funktionales Design, original ›Mercedes-Benz‹«, »trotz seiner verschiedenen Ergänzungen«. Denn die geschwollenen »Spoiler und Seitenverkleidungen sind originales Mercedes-Design«. »Wie gesagt: eine Form, die aus den Händen der Techniker kommt, die das gesamte Fahrzeug geschaffen haben. Nicht allein die Betonung der Sportlichkeit war hier der Ausgangspunkt...«. »Gerade in diesem leistungbetonten Fahrzeug haben vordergründige Effekte nichts zu suchen.« Das »erfordert vielfach den Mut, etwas nicht zu tun, was zur Zeit gerade als besonders schick gilt«. Doch irgendwie will es sich nicht einstellen, »das spontane Empfinden, daß an und in diesem Automobil nichts auf vordergründigen Effekt hin gestaltet ist«.

In diesem »Ausnahme-Automobil« für den Rolex-Geschmack des Bundesliga-Profis finden wir keine »ablenkenden Lichter oder Skalen, die nur alle paar Wochen vielleicht einmal zu sinnvoller Wirkung kämen«. Was wir in diesem »Fahrzeug für den täglichen Gebrauch« täglich brauchen, sind »eine Analog-Anzeige für die Motoröl-Temperatur, ein Analog-Voltmeter« und am allermeisten »eine Digital-Stoppuhr«: heute habe ich 42 Minuten, 23 und vier Zehntel Sekunden für den Weg zur Maloche gebraucht.

Der 190 E 2.3 – 16, als schwarzer Rächer im nachtdunklen Studio so porschemäßig wie möglich abgelichtet, ist ein »individueller Wertgegenstand« voller Vernunft. »Diese umfassende Vernunft entspringt vor allem der Wert- und Funktionsbeständigkeit.« Der entspringt die Vernunft also. 175 PS ist sie stark, 225 km/h schnell und 62.700,- Mark teuer.

200 bis 300 E
(nur 36 – 53.000,- Mark)

Man bietet uns »Fortschrittlichkeit, die man sehen kann«, ist doch der »Kofferraum mit Nadelfilz ausgeschlagen«. Doch ihre »Leitfunktion« erhält die betuliche Mittelklasse auch durch ihre »Spitzenwerte der Vernunft«, vor allem aber eine hintergründige Wirtschaftlichkeit: »Meist wird unter Wirtschaftlichkeit vordergründig der niedrige Preis verstanden. Aber Mercedes-Qualität kann nicht billig sein. Dafür ist sie ihren Preis wert.« »Spaß plus aktive Sicherheit« gibt's nur dank »perfekt integrierter Mercedes-Sicherheit«. Wir reden über »ein einzigartiges persönliches Kapital des Mercedes-Fahrers: die Sicherheit«. Wirklich »faszinierend – die aktive Sicherheit«, ein »vorbildlicher Schutz für Fahrer und Mitfahrer – aber auch für andere Verkehrsteilnehmer«, durch den wahrscheinlich deren »sprichwörtliche Lebensdauer« verlängert werden soll, besonders im »Fall einer Kollision mit Fußgängern oder Zweiradfahrern«. Wir fahren im Wachschlaf weiter: »aktive Ruhe«. . .

200 D bis 300 D
(nur 36 – 67.000,- Mark)

»Robustheit, Zuverlässigkeit, Lebensdauer«, »vor allem aber auch hohe Wirtschaftlichkeit« bietet der Mittelklasse-Diesel, der »beim Vorbeifahren praktisch nicht mehr als Diesel zu erkennen« ist. Der schicke Fast-Nicht-Diesel-Diesel schenkt uns das »fast sportlich sichere Fahren (. . .), [das] bisher kaum für möglich gehalten wurde«.

230 CE bis 300 CE
(nur 50 – 63.000,- Mark)

»Diese Sonderklasse« bietet »exklusive Eleganz. Inklusive Spitzentechnik«, aber »ohne Exzentrik«. Schon durch die »exklusive Stückzahl« und die »luxuriösen Details« für »exklusive Form- und Komfortansprüche« wird ein »exklusiver Rang (. . .) spürbar«. Da wird »funktionale Eleganz« und »sportlich betonte Eleganz« zu einem »eleganten Design«, und selbst »das Auge erlebt die Coupé-Form spontan als kraftvolle Eleganz«, die »auch den Innenraum besonders gestreckt und elegant erscheinen« läßt. Kein Wunder: »der dunkel irisierende Farbton« der »dunkel-irisierenden Zierleisten« »betont die sportlich-elegante Wirkung« zu einer »neuen Qualität des Fahrens, die bisher kaum denkbar war«.

Eine letzte Frage: Was ist eine aerodynamische Spitze? Eine Gruppe von CW-Werten! Denn die CE verfügen über einen »CW-Wert, der zur aerodynamischen Spitze (. . .) gehört«. Wirklich spitzenmäßig elegant ausgedrückt.

T-Modelle
(nur 42 – 73.000,- Mark)

»Das typische satte Schließgeräusch einer Mercedes-Tür« ist das schönste Argument für den T. Es stößt die Tür zur »Mercedes-typischen Fahrkultur« auf. Der T-Fahrer geht eine innige und besonders glückliche Ehe ein, denn sein T »ist der ›andere‹, der vielseitige Mercedes«, das ideale Schatzi »gerade für Fahrer, die besonders intensiv mit ihrem T-Modell leben«, in einem »Klima moderner und kultivierter Eleganz«. »T-Fahrer sind oft und gern unterwegs«, weil das einen prima Vorwand für Türöffnen und Türschließen und damit das satte Schließgeräusch liefert. Die »Mercedes-typische aktive Sicherheit« auf ihrem »Platz für klares und entspanntes Führen« genießen sie besonders beim »Geradeauslauf – wie mit dem Lineal gezogen«. Damit er nicht einschläft, haben wir »für den linken Fuß eine Stütze«.

G wie Gelände
(nur 51 – 69.000,— Mark)

»Dort, wo es mehr als unwegsam wird« bietet der G »eine faszinierende Formel« . . . »für Leute, die beim Fahren eher unerschrocken sind«: »Wo ein ›G‹ ist, ist auch ein Weg«, auch »unter härtesten und schwierigsten Bedingungen«, gepflastert mit dem »Flair des Unkonventionellen«. Doch kaum jemand will sich »auf das Überwinden von Hindernissen konzentrieren«, da nützen auch »das spezielle Dachaufbauten-Programm« oder die angebotenen »Kotflügelverbreiterungen« nichts: Der sauteure G ist und bleibt der Flop am Stern-Himmel. Man entscheidet sich lieber für eine preisgünstige aufblasbare Gummipuppe als »›Partner‹ für engagierten Einsatz«. Vielleicht liegt der G auch so daneben, weil es eben nirgends mehr »mehr als unwegsam wird«.

GEMEINSAMKEITEN

Alle Mercedes-Qualitäten scheinen sprichwörtlich zu sein. Die Atmosphäre der Geborgenheit ist eine der wichtigsten Leistungen des Hauses, das keine Effekte kennt und zeitlos exklusive, manchmal sogar exclusive Eleganz in grundsätzlich straffer Form verkauft, die die überlegenen Innereien symbolisiert. Immer weltweit führend, als Maßstab für Kompetenz oder die »Zuständigkeit« schlechthin. »Das Entscheidende – und vor allem das richtungweisend Neue« wird uns nie vorenthalten, von dem sich jedesmal herausstellt, daß es zum Glück nur eine Weiterentwicklung war. Ein »Cockpit« gibt es bei uns nicht. »Keine Experimente«, Mercedes, der Adenauer-Wagen. Wir sind der Führer, inmitten aktiver und optischer Ruhe – die Optik ist ruhig in diesen Ausnahme-Automobilen – ein individuelles Gesicht im monotonen Verkehrsbrei, aktiv gesichert mit dem sportlich angemuteten Atmungsvermögen, das das Triebwerk auf die Straße bringt, wo wir es brauchen.

Noch eines sollten wir lernen: »Werterhaltung« durch »Service-Stützpunkte« sagt man unter Mercedesfahrern zu dem, was profan übersetzt »Reparatur in der Werkstatt« heißen müßte.

BUCHSTABENSUPPE

Das L in SEL steht für »lang«, SL hingegen bedeutet »Sport leicht«. Und das ist noch übersichtlich im Vergleich zu früheren Zeiten als es den SSKL (super sport kurz leicht) oder gleichzeitig einen »630 mit K-Motor« und einen »630 Typ K« gab, der eine mit Kompressor, der andere »Kurz«.

WARUM SO EINFALLSLOSE TYPENBEZEICHNUNGEN?

Verwirrende Zahlen und Buchstaben, was soll das? VW bietet uns einen Querschnitt durch die Welt des Sports mit Golf, Polo, Derby und ein paar Fachausdrücke aus der Erdkundestunde (Passat, Scirocco). Selbst Tiere (Panda) oder Dokumente (Visa) können hergenommen werden. Fords Durcheinander mit Consul (= Titel), Granada (= Stadt), Fiesta (= Veranstaltung) muß ja nicht gerade als Vorbild dienen.

Aber in der Vergangenheit ging es doch! Da gab es das Modell »Stuttgart« (1928-36), den schicken »Nürburg« (1929-33) oder den »Typ Mannheim« (1929-33), allesamt Namen, die heute auf eiche-furnierten Schrankwänden oder mächtigen Farbfernsehern aus deutscher Produktion zu finden sein könnten.

Besinnen wir uns auf die große deutsche Tradition (denn die ist immer im Mercedes herumgefahren). Der 300 S der 50er Jahre hieß im Volksmund immer der »Adenauer«. Wie wäre es mit »Göring 2.3 – 16«, »Turbo-Kiesinger«, »Lübke SEL« und »190 Barschel E« (oder E 605)?[3]

Die Altersfrage

NEUWAGENKÄUFER

Wer den Mercedes-Kranken in Reinkultur sucht, sollte sich einen Neuwagenkäufer fangen und zur Beobachtung ins Terrarium stecken. Hier hat jemand ganz individuell aus acht Polstervarianten und 24 Lackfarben »sein« Auto zusammen-bestellt! Plus vollelektronischer Gurt-Hinhalter als Extra! Die Hierarchie ist eindeutig: je teurer, desto toller. Die persönliche Position in der Weltrangliste wird in einem komplizierten Computerfahren nach zwei Parametern berechnet: Grundpreis des Typs (»Pflicht«) und Individualitäts-Punkte für Extras ab Werk plus Tuning (»Kür«).

---

[3] Mercedes hat 1986 immerhin 5,2 Millionen Mark für Verbesserungsvorschläge bezahlt. Meine Konto-Nummer: Postscheck München 2815 54-808

UNNATÜRLICHE PERSONEN

60 % der neuen Mercedesse werden nicht von Menschen gekauft, sondern von juristischen Personen. Mit dem Geld der Firma läßt es sich besonders angenehm prassen.

UMSTEIGER

Ihr erster Mercedes ist gleich ein neuer Mercedes. Das sind die unerträglichen Streber, die schon in der Schule niemanden hatten abschreiben lassen und sich nun in irgendeinem miefigen Unternehmen hoch genug gedient haben, um bei der Deutschen Bank die Finanzierung geregelt zu kriegen. Oder die Jungs mit dem ernsten Geld, die vorher auf dem 5er BMW Fittipaldi gespielt haben. Oder die, die einmal im Leben wissen wollen, ob es wirklich ganz anders ist hinter dem Stern, und dafür bereit sind, aus Opels Nobelklasse in den spartanischen 190 abzusteigen.

JAHRESWAGEN

Nur mit der Lupe läßt sich der Unterschied zu denen erkennen, die sich für einen Jahreswagen entschieden haben. Sie bestehen darauf, daß auch der »neu« ist. Er riecht jedenfalls noch neu. Wegen ein-paar-Mark-billiger ersparen sich diese kleinlichen Rechner-Typen die große Stunde der offiziellen Schlüsselübergabe beim »Mercedes-Stützpunkt«, mit ergreifender Ansprache, feierlichen Wünschen und feuchtwarmen Händedruck. Jahreswagen ist wie eine rein standesamtliche Hochzeit.

GEBRAUCHT, ABER NOCH NICHT LANGE

Kommen wir zu den Gebrauchten. Naja, wirklich gebraucht ist ein Mercedes ja nicht, wenn er aus erster Hand gekauft wurde. Erstbesitzer haben so reichlich Asche, daß sie ihre Kiste bis zum Abwinken pflegen (lassen). Vor allem Nichtraucher. So ein Wagen wird gebraucht neuer als neu verkauft. Nur billiger (aber nicht viel).

PEINLICH ALT

Schlagartig gründeln wir schon im Trüben, also unter 25[4]. Die verwickelte Gewissensfrage lautet: muß mein Wagen brandneu sein und damit total individuell und völlig makellos (selbst wenn es sich nur um einen Sierra oder einen Japsen handeln sollte), oder muß es so unbedingt ein Daimler sein, daß man sich mit dessen Wechseljahren abzufinden bereit ist? Ein weites Feld für die Menschforschung. Einen Mercedes zum halben Neupreis kaufen sich nur Leute, die tief im Innern »teuer« automatisch mit dem Neu-Gefühl verbinden können. Wie gelingt ihnen das?

AUSGELAUFENE MODELLE

Auch wenn er brandneu aussieht und der größte und tollste Wagen **war**: der 500 SEL mit allen Schikanen ist **alt**. Drei Jahre alt vielleicht, aber eben doch alt. Außerdem ist er fast immer noch älter. Denn wer (Besitzer oder − noch schlimmer − Vorbesitzer) hätte sich einen neuen 500er hingestellt, wenn er doch genau wußte, daß im nächsten Jahr der ganz neue 500er rausgekommen wäre? Genau: niemand! Deshalb drängt sich der Verdacht auf, daß der 500 SEL ein verdammt alter, verdammt billiger Abschuß war. Ungefähr zehn Jahre alt, oder wann wurde das Ding zum ersten Mal gebaut?

MERCEDES-VERBOT

Warum kauft jemand einen Mercedes für 6.500,-? Das ist schon ein bißchen unseriös. Entweder ist er ein Spieler, der die gut gepflegte Kiste bei vertrauenswürdigen Verwandten in der Provinz auftreibt und hofft, daß keine Reparaturen fällig werden, bevor er die Schüssel übernächstes Jahr für siebenvier weiterverscheuert (2000 km vor der Reparatur der Vorderachse, die 5400,- kostet). Das wäre der böswillige Spekulant. Oder jemand kann nicht größer. Warum bescheidet er sich dann nicht mit Volkswagen, wie jeder gesunde Mensch es täte? Weil er ein kleinbürgerlicher Angeber und Hoch-

---

[4] Besserverdienende rechnen und reden nur in vollen Tausendern. Zur Genauigkeit neigende Charaktere geben auch die Hunderter an, als nachgestellte Ziffernnennung. Beispiel: vierzehn acht = 14.800,-. Extrem materialistische Pfennigfuchser oder Geschäftsleute mit Prokuristenvorleben erwähnen auch noch die vollen Fünfziger: vierzehn acht fuffzig. Zehnernennungen kommen nur unter zwofünf oder in seltenen Ausnahmefällen vor.

stapler ist! Oder, letzte Möglichkeit: er kann einfach nicht rechnen. Allen diesen Typen müßte man Mercedes-Verbot erteilen. Wenigstens sollte der Stern werksseitig eingezogen werden.

KRANKE MERCEDESSE

Die Modelle der 70er Jahre hinterlassen immer ein mulmiges Gefühl. Die Strichachter, deren schwarzer Unterbodenschutz nachträglich bis zum halben unteren Türholm hochgezogen ist, können uns nicht täuschen: rundherum bis Kniehöhe karposi-sarkom-mäßiger Befall. Alle.
In diesen verseuchten Mobilen sind die Prols unterwegs, alle die, die unbedingt einen Mercedes fahren wollen, aber eigentlich nicht können. Sie kaufen ganz billig die ganz großen angeschlagenen Schiffe. Die Krankheit wird mit »Primer«, kiloweise Glasfasermatten, Polyester und Spachtelmumpe behandelt. Illusion! Wenn der Mercedes etwa 24 jeweils handtellergroße Teillackierungen aus der Spraydose aufweist, wird er sicher bald eingeschläfert. Doch irgendwie kann es niemand vermeiden, selbst diese Mercedesfahrer zu bewundern – irgendwie auch Elite . . .

OLDIES

Heckflosse und vorher. Je älter, desto Chef. Ihre gespinnerten Besitzer tun so, als wären die Kisten bei km-Stand 743.000 noch im täglichen Einsatz. Wenn es regnet, lassen sie ein Taxi kommen. Die gerisseneren schließen die Bohrmaschine an den Tacho und mogeln den Kilometerstand auf die runde Million nach oben (Fotos nicht vergessen)! Wenn der Wagen gut genug aussieht, gibt der »Stützpunkt« eine goldene Anstecknadel (Mercedes-Stern 585er) mit Brillant in der Mitte aus. Gravur: »1 000 000 KM«. Das ist der diamantensparende Gummiparagraph.

MERCEDES-SOZIOLOGIE

In den oberen gesellschaftlichen Rängen gibt es Altersgrenzen, unterhalb derer der gute Geschmack endet. Je weiter wir die gesellschaftliche Leiter herabsteigen, desto weniger wichtig wird das Alter. Irgendwann zählt nur noch die Tatsache, **daß** sich einer einen 280 S ans Bein hängt. Mein Gott, was der schluckt!

Nur eines ändert sich entscheidend mit dem Alter: die S-Klasse, im neuen Zustand Kennzeichen der Vielfahrer, wird im Alter von Möglichst-wenig-Fahrern gelenkt. Der S wird zum Parkauto. In den Urlaub wird nur noch geflogen, weil das billiger ist. Der S ist gerade recht für die Tour in die Kneipe, um den Block oder repräsentative Verwandtenbesuche (Radius höchstens 25 km).

Die Geschmacksrichtungen
(und wer sie wählte)

DER ADENAUER

Die spießbürgerlichen Fifties liebten es rund und mit möglichst viel Lametta. Der 300er, genannt »Adenauer(-Wagen)«, wurde zum Inbegriff bundesdeutschen Repräsentationsgehabes der Nachkriegzeit. Das Auto war selten, einen großen Mercedes konnten sich pro Jahr nur 1000 Leute leisten. Jährlich 300 Stinkreiche kauften sich den bisher schönsten Mercedes, den 300 SL mit oder ohne Flügeltür (ca. 30.000,-), der später zum biederneren 190 SL entschärft wurde. Dem Volk wurden die plumpen Ponton-Typen 180 und 190 hingestellt.

300 oder S-Klasse:
Bing Crosby, Errol Flynn, Gary Cooper, Heinz Rühmann, Shah Reza Pahlewi, Präsident Peron, Fernandel, Theodor Heuss, Sonja Ziemann (»Das Schwarzwaldmädel«), Haile Selassie, Willy Brandt, Yul Brunner, Konrad Adenauer, Maria Callas, Ava Gardner, Ludwig Erhard, Heinrich Lübke, Anthony Quinn, Titos Frau, König Ibn-Saud, Dietmar Schönherr, Theo Lingen, Wernher von Braun, Anita Eckberg

300 SL:
Elvis, Zsa Zsa Gabor, Juan Peron, Herbert v. Karajan, Horst Buchholz, Glenn Ford, Clark Gable, Curd Jürgens, Pablo Picasso, Gunther Philipp

190 SL:
Margot Hielscher, Bibi Johns, Gunther Philipp, Freddy Quinn, Toni Sailer, Fürst Rainier von Monaco, Gina Lollobrigida, Rosemarie Nitribitt

Ponton ohne S:
Heinz Rühmann, Max Schmeling, O.W.Fischer, Walter Giller, Marianne Hold, Luis Trenker, Gina Lollobrigida, Kaiserin Soraya

FLOSSE UND PAGODE

Die 60er Jahre des Wirtschaftswunders sahen die spitze Heckflosse und wuchtige Chrommengen als Doppelstoßstangen und Zierleisten-Feuerwerk der S-Klasse. Wir sind wieder wer! Im Bat-Mobile. Die gotisch gehaltenen Scheinwerfer wirkten melancholisch. Energischer Fortschrittsglaube wurde zu fließender Eleganz bei den Coupés mit ihren Stummelflügeln. Die neuen SL, genannt »Pagode«, erinnerten in ihrer unproportionierten Gestalt an ostasiatische Tempelbauten, lagen aber noch schlechter als diese in der Kurve. Der überlange 600er Pullmann wurde zur definitiven Limousine bei Staatsempfängen.

S-Klasse:
Andreij Gromyko, Gregory Peck, Heinz Rühmann, Curd Jürgens

600:
Boney M., Leonid Breschnew, Herbert von Karajan, Ivan Rebroff, Rudolf Schock, Mireille Mathieu, Johannes Paul II., Paul VI.

SL Pagode:
Hardy Krüger, Peter Ustinov

STRICHACHTER

Beamtenmäßig mißlungene und langweilige Schnellroster mit den Hochkant-Scheinwerfern. Jede geschwungene Form verschwindet, das Auto wird zur drögen Funktions-Schachtel im biedersten Beton-Stil. Die Coupés waren abgeschnittene Limousinen. Selbst die S-Klasse, die das Vorderteil der Heckflossenzeit ziemlich konservierte, aber seitlich und hinten die fade neue Mode mitmachte und zudem anfänglich technische Probleme hatte, riß es nicht raus.

280 S – 300 SEL 6.3:
Paola, Catherina Valente, Marianne Koch, Peter Alexander, Hildegard Knef, Peter Fonda, Gregory Peck

DIE ZEIT DER MACHER

1972 kam die neue S-Klasse, Helmut Schmidt in Blech! Breit, klotzig, eingebildet, vernünftig. Mercedes baute das definitive Auto für Macher und Technokraten. Die SL-Pagode wurde endlich gründlich renoviert und wirkte beinahe schnittig. Die SLC-Coupés fielen allerdings ein wenig mißraten aus, weil sie hinten zu kurz waren. Die Mittelklasse »123« (ab 1976) und die neuen Coupés konnte man nun auch fahren, ohne Hosenträger lieben zu müssen. Der T wurde zum Liebling der Familienkutscher und Kleingewerbler, ein Kombi mit Eliteabstrahlung. Die Verkaufshits waren 240 D, 230 E und 200 D, die gediegenen und soliden Biedermann-Modelle.

280 S – 450 SEL 6.9:
Roberto Blanco, Marlene Charell, Costa Cordalis, Emerson Fittipaldi, Franz Beckenbauer, Hermann Prey, Peter Rubin, Walther Scheel, Helmut Schön, Jean Luis Trintignant, Roy Black, Niki Lauda, Anatoli Karpov, Gitte, Eduard Zimmermann, Mireille Mathieu, Wim Thoelke, Roger Whittaker, Richard Dreyfuss

DIE KEILE

Die Kompaktklasse 190 wurde 1982 eingeführt: der Mercedes im Probier-Paket. Die Exklusivität leidet. Das hochgezogene Stufenheck, von Chefdesigner Sacco aus rein geschmacklichen Motiven geformt, wird zum Styling-Trend der 80er Jahre. Plötzlich sehen alle gehobenen Mittelklasseautos wie der 190er aus. Die Mercedes-Mittelklasse bekommt ein Heck in V-Form verpaßt. Die S-Klasse wird rundrum mit Plastikblenden umschürzt. Der SEC wird durch sein geschmeidiges Aussehen zum Schönsten der Familie. Die Turbodiesel bekommen beifahrerseitig Kiemen. Chrom wird zu Grabe getragen.

280 S- 500 SEL:
Gene Kelly, Walter Röhrl, Reinhard Mey, Steven Jobs

CHROM

Es ist ja schon schwer genug, eine Rechtfertigung dafür zu finden, daß man sich Pornofilme anschaut. Aber wie will man Chromverzierungen erklären? Gar nicht erst versuchen, einfach genießen!

Leider muß man auf die Vergangenheit zurückgreifen, wenn man die Chrom-Extase in vollem Ornat sucht und so richtig schön polieren will. Wo sind sie geblieben, die knalligen Doppelstoßstangen, die Zierleisten an der Gürtellinie für die schlanke Taille, die Chrom-Spuren hinter den Blinkern und auf den Kotflügelkanten, die Blenden um die Radkästen, die aufgechromten Lüftungsschlitze, die nirgendwohin führen? Nicht einmal die Fenster sind heute mehr chromeingefaßt, so hat sich der make-up-feindliche Jane-Fonda-Aerobic-Geschmack bis zu Mercedes durchgesetzt. Der Daimler sieht aus wie eine japanische Stereoanlage.

Unglaublich, aber leider wahr!

WARTEZEITEN – GESAMTDEUTSCHE MEISTERSCHAFTEN

Unglaublich: Sie sind unbezahlbar teuer, aber trotzdem so gefragt, daß man jahrelang auf sie warten muß. Wahrlich ein schöner Qualitätsbeweis. Trabant, Mercedes und Wartburg sind eben Deutschlands Top-Marken! Mercedes war immer stolz auf seine Wartezeiten, bis man ca. 1984 auch in Deutsch-Südwest von der Existenz der DDR gehört hat. Seitdem muß man sich nicht mehr Ewigkeiten im voraus überlegen, ob man einen SE in Weiß, Altweiß oder Eierschale haben will. Jetzt bilden sich nur noch BMW und Porsche etwas auf ihre Wartezeiten ein.

DIE »SPRICHWÖRTLICHE EXCLUSIVITÄT«

Ein netter Familienbetrieb im Ländle fügt in liebevoller Handarbeit die schönsten Autos der Welt zusammen. Können nicht viele sein? Nur 600.000 PKW im Jahr. Mercedes belegt Platz drei der Neuanmeldungen hinter VW und Opel, aber noch vor Massenhersteller Ford. 2,5 Millionen Mercedesse fahren bei uns schon herum, rund jeder zehnte Wagen ist im Sternzeichen der Exklusivität geboren[5].
Es gibt nur einige wenige exklusivere Automobile als den Benz, noch grö-

---

[5] Keine Frage, die Deutschen sind reich. 67.000 Vermögensmillionäre, 125.000 Selbständige mit mehr als 100.000 Einkommen im Jahr (vor Steuer), nochmal 250.000 Angestellte beziehen mindestens diese Summe brutto.

ßere »Ausnahmen im Straßenbild«: Fiat ist dreimal so exklusiv wie Mercedes, Citroën sechsmal und Rolls Royce 5000 mal exklusiver.

KLEINE GESCHICHTSSTUNDE

Von den 65,5 Milliarden Mark Umsatz bleiben 1,77 als Gewinn hängen. Wer sich sein Geld ehrlich verdient hat, darf sich zur Belohnung auch ein paar schöne Sachen kaufen: z.b. AEG, mtu, Dornier und MBB. Schließlich nützt das dem Mercedesfahrer. Irgendwas fällt schon für alle Klassen ab, wenn man Radar, Feuerleitsysteme, Minen, Leopard, Tornado, Raketen, Hubschrauber und Alpha Jet baut. Die »aktive Sicherheit« zum Beispiel, die in Deutschland aufgrund von Mercedes »konkret erlebbar ist«.
Außerdem: Wer könnte schon etwas gegen Traditionspflege einzuwenden haben? Schließlich hat Mercedes im Tausendjährigen Reich für die LKWs und Flugzeugmotoren gesorgt, mit denen wir den Krieg bestimmt gewonnen hätten, wenn nicht die für die Mercedes-Produktion eingespannten Zwangsarbeiter und KZ-Insassen so unmenschlich gepfuscht hätten.
Adolf war ein noch größerer Mercedes-Fan als Lothar Späth. Kein Wunder: Die Unternehmensführung gab schon sehr frühzeitig wg. Hitler protzige Chrom-Mobile zum absoluten Kameradschaftspreis an die »Bewegung«. Besonders mit Tiefflieger Göring, der zur Verschönerung seiner eigenen Uniform für sich persönlich Orden erfinden ließ und wegen seiner Schwäche für glamourösen Prunk auch »der Weihnachtsbaum« genannt wurde, freundete man sich frühzeitig an. 1932, im Jahr vor der Wende, war Mercedes beinahe bankrott, Wiederbewaffnung und Volksmotorisierung brachten Rettung und Blüte. Wir danken unserm Führer[6].
Wir wollen nicht schlecht über den größten Steuerzahler unserer Heimat sprechen. Das tun andere schon, obwohl Mercedes im Rahmen seiner Entwicklungshilfe den Negern doch immerhin ein Drittel des üblichen Weißenlohns zahlt, nicht nur ein Zehntel, und auch soviel Gutes für unser Weiter-So-Deutschland tut. Doch so ist der Pöbel nun mal – undankbar: Es werden »zunehmend sowohl langfristige Planungen als auch unternehmerische Entscheidungen dadurch erschwert, daß Minderheiten ihre Meinungen und Interessen gegenüber der Mehrheit der Bevölkerung durchsetzen.« (aus: Geschäftsbericht 1986). Nix Testgelände Boxberg, nix Werk Rastatt, wo wir

---

[6] Literatur: »Das Daimler-Benz-Buch. Ein Rüstungskonzern im ›Tausendjährigen Reiche‹«, Hrsg. v. Hamburger Stiftung für Sozialgeschichte des 20. Jahrhunderts, Greno Verlag, Nördlingen 1987. 832 Seiten, DM 48,-

doch beide so dringend bräuchten, nur weil Minderheiten auf ihrem albernen Recht bestehen.

WAS WIR MERCEDES SONST NOCH VERZEIHEN

Den vom Werk sogenannten »Bonanza-Effekt«: die neue Mittelklasse zeichnete sich beim Anfahren durch bockiges Ruckeln aus. Gelegentlich ließ sich der Motor nicht abstellen, gern platzten Scheiben, die Hinterachse knarrte gefährlich. Angeblich haben Hoss, Adam und Little Joe den Mustang inzwischen eingeritten. Sagt jedenfalls Ben.

EXTRAS

EXTRAS, DIE MAN UNBEDINGT BRAUCHT

Der Mercedesfahrer braucht alle Extras, die es gibt, schon um seinen Wagen individuell zu gestalten. Fehlt in seinem Wagen eines, so brüstet er sich mit seiner Bescheidenheit.

ABS
Siegfriedmäßige Unverwundbarkeit, aber ohne Blutbad. Jede Geschwindigkeitsbegrenzung entfällt. Wir sparen Sprit durch Windschattenfahrt auf der Autobahn (Abstand zum Vordermann: 53 cm). Wenn es doch kracht – z.B. wegen glattem Laub unter Lindenbäumen –, können wir wenigstens sicher sein, daß es in dieser Situation selbst Niki Lauda erwischt hätte.

4-Matic
Für nur 13.000,- Mark die Gewißheit, auch auf vereisten Flüssen flüssig starten zu können. Ein Muß nicht nur für die, die täglich auf vereisten Flüssen fahren müssen, sondern auch und gerade für die, die sich vorstellen können, vielleicht irgendwann mal auf vereisten Flüssen fahren zu wollen – und sind wir das nicht alle?

DIE EINGEBAUTE VORFAHRT

Die »eingebaute Vorfahrt« ist auch im bescheidensten oder gebrauchtesten Modell des Hauses bombenfest einmontiert. Sie wirkt nicht nur gegenüber Feindautos fremder Hersteller, sondern mit ebenso solider Zuverlässigkeit auch gegen lästige Vorfahrtsblocker wie (schikanös früh umgeschaltete) rote Ampeln, (unnötig angebrachte) Stop-Zeichen, (der Abkürzung im Wege stehende) Anlieger frei Schilder und auf persönlichen Teststrecken (Spielstraßen mit Bodenwellen und interessanten Kurven).
Bei den Benzinern ist sie nach vorne hin wirkend justiert: Der Benziner schafft sich durch Stoßstangenfahrt, Hupe, Lichthupe und Blinken freie Fahrt für den freien Bürger hinter dem Steuer. Die Dieselmodelle weisen

eine rückwärtsgerichtete Vorfahrt auf, die besonders gern bei längeren Steigungsstrecken auf der linken Spur in Aktion tritt. Im Stadtverkehr wirkt die eingebaute Vorfahrt sämtlicher Modelle vor allem auf der Beifahrerseite.
Am zuverlässigsten funktioniert sie in Leihwagen, gleich gefolgt von Firmenautos und im privaten Bereich von schwereren Limousinen, die Vollkasko versichert sind. Sie arbeitet kontinuierlich und wartungsfrei. Nur im Kampf mit großen Altautos von Ford und BMW setzt die eingebaute Vorfahrt im letzten Moment ruckartig aus, um die Makellosigkeit des eigenen Lackes zu erhalten (man spricht von »human-automatischer Vorfahrtsabschaltung«).
Kein technischer Gimmick ist heute mehr vor den Abkupferern der Konkurrenz sicher. Doch trotz aller Bemühungen ist es nicht einmal den Japanern gelungen, dieses am besten gehütete Werksgeheimnis des Hauses Daimler-Benz zu kopieren. Selbst die genaue Lokalisierung des Aggregates im Wagen konnte bisher nicht gelingen.
Der Erfinder der eingebauten Vorfahrt ist leider nicht bekannt. Vielleicht gibt es gar keinen. Es kursieren verschiedene Theorien über den Ursprung der eingebauten Vorfahrt. Eine der derzeit im Historikerstreit populärsten behauptet, daß es sich um ein atavistisches Überbleibsel aus der Zeit handelt, als es ohnehin nur Autos der Marke Benz gab, vor denen sich Fußgänger, Radfahrer und Pferdefuhrwerke in Sicherheit zu bringen hatten.
Andere Theoretiker orientieren sich stark an den Erkenntnissen der Verhaltensforschung und sehen die eingebaute Vorfahrt als eher metaphysisches Phänomen. Die massenhypnotische Platzhirsch-Wirkung des Sterns löst bei Nichtmercedessen einen automatischen Erstarrungs- und Demutsreflex aus, der sich, nachdem man genötigt, geschnitten oder überholt wurde, in einem klassenkämpferischen Wutanfall Luft macht.
Eine durchschnittliche Mercedes-Fahrt ist vollgepackt mit schlimmen Fahrfehlern, sämtlich allerdings begangen von den anderen, den Nichtmercedessen. Die fahren zu rücksichtslos oder übertrieben rücksichtsvoll, zu vorsichtig oder zu gewagt, zu schnell oder zu langsam. Auf jeden Fall zu irgendwas. Ihr schlimmster Fehler: sie können sich nicht daran gewöhnen, was das Maß im Straßenverkehr ist – der Wagen, den sie alle selbst fahren wollen, unser Benz, das pädagogisch wertvolle Herrenfahrzeug mit patentierter Unfehlbarkeitsautomatik.
Diese Ignoranz versteht der Mercedesfahrer nicht. Würde **er** im Golf sitzen, er hätte so eine Art sechsten Sinn für die Herrenrasse in Blech, soviel steht fest. Hat er nicht selbst vor gar nicht so langer Zeit einen Volkswagen gelenkt? Damals (er sagt damals, auch wenn er den Golf erst vor ein paar

Tagen abgestoßen hat) hat es ihm freilich selbst ein bißchen an Verständnis für mancherlei gefehlt. Vor allem konnte er sich nicht vorstellen, daß ein Mensch so wichtig sein kann wie er seit einiger Zeit wichtig ist. Seit derselben Zeit übrigens, seit der er um die Anschaffung eines Mercedes beim besten Willen nicht länger herumkommen **konnte**. Nein, nicht daß er schon immer davon geträumt hätte... Aber was bleibt einem übrig in **dieser** Position! Und wenn man sich erstmal mit diesem schönen Stück eingefahren hat, blickt man urplötzlich besser durch. Generell. Man wird reifer hinterm Stern. Noch ein Argument für die eingebaute Vorfahrt.

Aufgrund der eingebauten Vorfahrt hat Mercedes auf ein anderes Detail verzichtet, das bei japanischen Mittelklassewagen zur üblichen Grundausstattung gehört: den rechten Außenspiegel. Der Mercedes braucht nicht zu wissen, was hinter und neben ihm passiert. Wer der eingebauten Vorfahrt nicht vertraut, kann sich einen zusätzlichen Seitenspiegel natürlich dranbauen lassen, bei Mercedes für nur 300,- Mark.

WAS HABEN ANDERE MARKEN STATTDESSEN EINGEBAUT?

Citroën liefert ohne Aufpreis die eingebaute Reparatursicherung: wenn der Wagen kaputt geht, kann man ihn nicht reparieren. Lada baut eine Selbstzerstörungsautomatik ein – wirksam ab Tachostand null. Bei Fiat verwendet man Arbeitsplatzsicherungsbleche aus ABM-Stahl: die Schweißer der Vertragswerkstatt haben immer irgendein Loch zu flicken. Ein Fiat-Leben lang.

UNVERZICHTBARE ACCESSOIRES

Erst die Devotionalien mit Stern machen die Daimler-Benz-Offenbarung perfekt. Nicht nur kleine Krauter prägen den Dreizack mit stiller Duldung Untertürkheims auf allerlei Tinnef. Auch eine hauseigene »Collection Mercedes« bietet eine Schirmmütze (DM 5,-), einen »Ganzjahres-Blouson« (324,- Mark) und einen »Allwetter-Mantel« (»autofahrergerechter Schnitt«) im Stile der Teenager-Ecke des Quelle-Katalogs an, alles mit Mercedes-Emblem. Erhältlich im Ersatzteillager Ihres Mercedes-Stützpunkts, entwickelt von der Daimler-Benz-Modeabteilung. Kann man sowas tragen,

ohne für ein schwäbelndes Mitglied der Sindelfinger Betriebssportgruppe Hoffmann gehalten zu werden?
Die hauseigene »Accessoire-Boutique« bietet Aktenmäppchen, Portemonnaie und Taschenmesser (in Männchen- und Weibchen-Version), feueremaillierte »historische Schlüsselanhänger« und Modellautos feil. Der »Lederkoffersatz«, bestehend aus sechs Teilen, kostet nur 5000,- Mark. Wer nicht so flüssig ist, stopft seinen Krempel in die »Mercedes Sport-Design-Serie« aus silbernem Nylon.
Zugegeben, sie haben sich bemüht. Aber wo bitte sehr bleibt das Mercedes-Parfüm, wo die Pflegeserie für die windgegerbte Haut des SL-Fahrers? Die männlich holzigen Akkorde des SEL-After-Shave? Das Roll-on-Deo, das so riecht, wie 190er-Innenraum-fabrikwarm? Was ist mit einer Mercedes-Uhr aus dunkel-irisierendem Vanadium-Titan-Hematit, Tauchtiefe bis 15.000 m oder was ist die tiefste Stelle im Ozean? — Wann kommt der orthopädisch ideal geformte Fahrschuh für den Bleifuß?
Es gibt noch viel aufzuholen! Wer das eindringliche Insektenstyling mit Klappscharnier von Porsche liebt oder die ostblockmäßig gelungene Ferrari-Brille, die grundsätzlich wie ihre eigene schlechte Fälschung aus Korea wirkt, würde sich wohl nichts sehnlicher als eine Mercedes-Brille wünschen. Oder stammt des Kanzlers anmutige Sehhilfe etwa bereits von denselben Designern, die auch für den zeit- und effektlosen, aber spoilerreichen 190E 2.3-16 verantwortlich zeichnen?
Nur auf der Seite der Schlüsselanhänger stehen aufgrund von Privatinitiative genügend Varianten zur Verfügung, um jeden noch so raffinierten Geschmack vollständig zu befriedigen. Hin zum Juwelier, her mit dem Wertgefühl: zu wissen es ist Platin, weil es zwar so aussieht wie Alu, aber etwas mehr gekostet hat.

STANDESGEMÄSSE AUFKLEBER

Ich bin für Natur
Mein Auto fährt auch ohne Wald
Ein Herz für Kinder
preussen
Ein Herz für Tiere
Weiter so Deutschland
Sylt
Midem – Cannes

Poloclub Grünwald
Baby an Bord
GdP[7]
Wozu Atomkraft? Bei uns kommt der Strom aus der Steckdose.
St. Tropez
Beton – es kommt drauf an, was man draus macht.
Vorsicht Reitpferde
Turnierkrokodile

AUTOTELEFON

Am Autotelefon schätzt ein Mercedesfahrer vor allem die sportliche Herausforderung. Das einhändige Kurvenfahren mit Knie-Lenkhilfe kriegen wir zwar gekonnt hin, das zwei-knieige Kurvenfahren mit dem Schaltknüppel in einer und Hörer in der anderen Hand, nun, das erfordert schon deutlich mehr Raffinesse (weshalb unter den Autotelefonbesitzern die mit Automatikwagen in der Hierarchie tiefer rangieren).
Autotelefon hat nur einen Nachteil: ständig brechen die Gespräche im **entscheidenden** Augenblick zusammen. Gerade hatte uns der Angerufene die ersehnte Frage gestellt »was sind denn das für seltsame Geräusche in dieser fürchterlichen Leitung?«, da geht eben diese in die Knie, bevor wir unseren magischen Lieblings-Satz vollständig aussprechen können: »Ich **fahre** gerade auf der Autobahn.« Dafür haben wir auf dem Grau-Markt 20.000,- Mark für die Lizenz bezahlt? Scheiße. Nochmal wählen? Lohnt nicht, man kommt sowieso nicht durch.

AUTOTELEFON, DIE ZWEITE

Philips hat einen Kassettenrecorder rausgebracht! Man nimmt das Ding, das – sicher mehr zufällig – wie ein Autotelefonhörer aussieht, in die Hand und hält es sich nicht etwa vor den Mund, wie dies die bisherigen, unterlegenen Diktiergeräte verlangt hatten, sondern seitlich gegen den Schädel, ganz so wie . . ., also wie. . ., ja ungefähr genauso wie z.B. ein . . . äh . . . Telefon, naja, im Auto also ein Autotelefon.
Doch halt, jetzt bitte nicht vorschnell totlachen, hetzen oder spotten! Das

---
[7] Gewerkschaft der Polizei. »Ein Kollege«, soll der Bulle denken und den Falschparker nicht aufschreiben.

»Car-Memo« ist nämlich wirklich nicht das, für das man es spontan halten möchte: das peinlichste, dümmste und mit DM 898,- teuerste Stück Aufschneiderplastik für den geliebten Benz des potenzschwachen Besitzers. Nein, nur dieses Diktiergerät in der vertrauten Form des Telefonhörers vermeidet Sprechhemmungen, die sonst üblich sind, wenn man einer leblosen Maschine seine Jahrhundertideen anvertrauen soll. Daß andere Verkehrsteilnehmer bewundernd zum vermeintlichen Autotelefonbenutzer aufschauen, kann durch positive Verstärkung die denkerische Schaffenskraft nur günstig positiv beeinflussen. Wann bringt Philips endlich den lang erwarteten Autorasierapparat heraus, der – ebenfalls zufällig – wie ein Autotelefon aussieht?

Mercedesfahrer mit etwas gesunderem Humor besorgen sich in der Spielzeugabteilung des nächstgelegenen Kaufhauses ein knallbuntes Kindertelefon und bringen es mit vier Tropfen Atomkleber gut sichtbar auf dem Armaturenbrett an. Doch welcher Mercedesfahrer hat schon Humor.

WAS MÜSSTE VERBESSERT WERDEN?

Da der Autor endlich selbst einen Mercedes fahren will, spekuliert er darauf, eine Serie Bestseller als Extra auch für alle anderen Auto-Marken herauszugeben. Da wird regelmäßig ein prall gefülltes Kapitel »was müßte verbessert werden« erscheinen (die Industrie zittert schon jetzt). Deshalb soll es auch hier nicht fehlen. Leider muß gesagt werden, daß es am Mercedes fast nichts zu verbessern gibt[8]. Außer vielleicht den Preis. Wäre er höher, würde Mercedesfahren doppelt Spaß machen.

Nur drei kleine Vorschläge seien erlaubt. Eine seriöse TÜV-Umfrage bestätigt, daß sich der Mercedes-Besitzer vor allem mehr Aschenbecher-Kultur wünscht. Nun hat Mercedes ja schon den automatischen Aschenbecher, der sich aufgrund schlauer Mechanik beim Antippen von allein öffnet. Doch wieviel eleganter könnte man den Aschenbecher lösen! Erstmal durch einen Rauchsensor, der den Ascher automatisch herausfährt, sobald es qualmt, und auf Wunsch eine Endloskassette über die Boxen schickt, auf der Rita Süßmuth an gute Sylvestervorsätze erinnert. Wo ist der schon lange fällige Kippenzähler, wo das Aschenbecherleerungsnotwendigkeitsanzeigefeld?

---

[8] Der Autor hofft, daß Vorstand Reuter, die Mercedes-Benz-PR-Abteilung und die Deutsche Bank dies aufmerksam gelesen haben und kündigt seine Bereitschaft an, den neuen egalwas fünf Jahre probezufahren. Sprit zahl ich selber. Peter Boenisch hat auch kaum an Ansehen eingebüßt, nur weil man plötzlich von ihm sagte, er sei die gutgeschmierte Mercedes-Marionette bei »Bild« und dann beim Kanzler gewesen.

Die S-Klasse könnte einen Kippenhäcksler bekommen und würde im Rahmen der Selbstreinigungsautomatik bei schneller Fahrt immer wieder ein paar Gramm harmlosen Kippenstaubes in den Fahrtwind verwirbeln.

Auch die Seitenfenster sollten raucherfreundlicher gestaltet werden, so daß endlich Schluß ist mit der Angst vor der polstergefährdenden Glut, wenn man die Kippe aus dem fahrenden Wagen werfen will.

Letzter Vorschlag: die Modelle jenseits der 50.000,- müßten ein vernünftiges Radarwarngerät bekommen. Die 80.000 Stück, die in Deutschland kursieren, werden sowieso zu 90 % in den bekannten Viel-Raser-Wagen verwendet. Rechtliche Probleme ließen sich umgehen, indem man die S-Klasse künftig als »nur für den Export« deklariert.

NOCH SCHÖNER ALS AB WERK

Mutti würde das sprichwörtliche Raumerlebnis des Mercedes, diese Atmosphäre der Geborgenheit, gern weiter aufwerten – Deckchen, Kissen, Girlanden, Fotohalter mit einem Bild der Lieben, St.-Christopherus-Plakette, Garfield baumelt vom Innenspiegel. So mag sie es vielleicht von den bisherigen Fords oder VWs oder Opeln gewohnt sein. Aber unser Ausnahme-Automobil kommt schon in vollkommener Vollkommenheit vom Band. Daran gibt es nichts zu verbessern. Schande über die, die es doch versuchen! Verbessern nein, Konservieren ja. Die Kopfstützen können einen Pariser aus weißer Baumwolle vertragen. Sie wären so schwierig von Vatis öligen Haarabsonderungen zu reinigen.

POTENZ-KITSCH

Als es nur Autos und Mercedesse gab, reichte der Stern. Seit aber auch ein Mercedes nur ein Auto ist, seit Leute, die sich ihre Autonummer nicht merken können, auf Parkplätzen an vierzehn identischen Mercedessen ausprobieren müssen, wo ihr Schlüssel paßt, seitdem braucht auch der Biedermann sein Tuning.

»Everything goes« sagt sich der postmoderne Chef und donnert voll verspoilert in seinem rasenden Schneepflug bedrohlich über die Piste. Die individual-verschärfte Karosse von AMG (»ein Fließband haben wir nicht«)

meldet okrasa-brutale Potenz nach vorn, den »Sportauspuffanlagen« entströmt ein »dezent sportlicher Ton« als db-gewaltige Erkennungsmelodie des Profilneurotikers mit Schotter und dem intimen Bedürfnis nach dem rundum geschwollenen Kraftwagen im Killer-Look. Dem betulichen Daimler wachsen »Heckflügel«, er bindet sich eine »Frontschürze« um, vertraut auf seinen »Flankenschutz«, duckt sich flach in die »gekürzten Federbeine« und geht auf Walzen zum Angriff über, unbesiegbar und nichts fürchtend – mit Ausnahme von Bordsteinkanten.

08/15 hat verspielt, die Individualisten sind unterwegs, Eddy Murphy im wuchtigen Coupé mit monströsen Flügeltüren, Karajan im Spezial-500er, den die »Styling Garage« in Hamburg zersägen und um 65 cm verlängert wieder zusammenbasteln mußte. TV, Video, männlich duftendes Büffelleder, Telefon, Kühlschrank, Kristallaschenbecher, Edelholz-Klapptische, Cartier-Uhr und anderes wichtiges Zubehör wird eingebaut. Duchatelet (Belgien): »Ein silberner Ausguß ermöglicht es, sich überschüssiger Getränke zu entledigen.«

Man ahnt es schon, wir befinden uns in der Preisklasse zwischen 200 und 500.000,- Mark. Dem Einsteiger aus dem berüchtigten »Japan-Graben«, der besonders status-wütigen Arbeitslosen-Gegend zwischen Salzgitter und Saarbrücken, die für einen Großteil der 500.000.000,- Mark jährlicher Tuning-Umsätze sorgt, seien die Chromleisten-Sets für die schmucklosen neuen Keil-Modelle von Mercedes empfohlen, zu denen er ja das silberne AMG-Feuerzeug und die dreifach faltbare, verchromte AMG-Brille tragen kann.

SONDERLACKIERUNGEN

Der durchschnittliche Mercedesfahrer ist zu konservativ, um an seinem Wagen irgendetwas anderes als eine möglichst langweilige, seriöse Lackfarbe zu dulden. Keine pralle Blondine im zerfetzten Bikini mit Schwert in der Hand auf Einhorn vor kosmischem Doppelsonnen-Untergang, auch nicht der röhrende Hirsch oder die Zigeunerin. Der Lack sollte aber bittesehr in wenigstens 22 Schichten nach einem elektrostatischthermohydropneumatischen Galvano-Spezialverfahren einbrennlackiert worden sein. Zu einem Preis, für den sich andere Leute einen Neuwagen kaufen. Wiedermal das Platin-Syndrom, ein grundsätzlicher Charakterzug des Mercedesfahrers: zu wissen, es war teuer, aber keiner merkt was davon (bis es sich dank unserer verdeckten Nachhilfe endlich rumgesprochen hat).

ALARMANLAGE

Sicherheit und Solidität verlangen wir nicht nur von unserem Auto, sondern auch hinsichtlich der Besitzverhältnisse allgemein. Uns kann nur der Russe enteignen, nicht aber irgendein Krimineller. Wir haben nämlich die Bosch-Alarmanlage.
Derartige Perfektion der Eigentumssicherung führt man natürlich gerne vor. Auch entfernte Bekannte kennen das penetrante Hupsignal, das bei jeder Gewaltanwendung unvermeidlich aus dem Horne quäkt. Wenn wir sie nicht gerade vorführen, führt sich die Alarmanlage selbst vor. Dann rennen alle Mercedesbesitzer in 340 Meter Umkreis eilig in der Befürchtung zu ihrem Wagen, vielleicht durch eine Traube Schaulustiger und vorbei am Kontaktbullen in ihr Auto tauchen und peinlich berührt davonfahren zu müssen. Wer zieht dieses Mal den Fehlalarm? Eduard. Niete Nummer 62 diesen Monat.

DIE WERKSTATT – DAS SCHÖNSTE UND TEUERSTE EXTRA

Die Werkstatt macht den Unterschied perfekt! VW, versprochen ist versprochen, gibt den Wagen zwar manchmal zeitgerecht zurück, aber so wirklich amtlich repariert kommt er einem doch nicht vor (was aber schon konstruktionsbedingt so scheinen mag). Volvo: die Apotheke, die auch den Rolls in Pflege nimmt. Erstaunliche Preise. Subaru: »Haben Sie einen Zweitwagen? Das Ersatzteil ist in frühestens drei, sagen wir vier Wochen da.« Citroën: »Was wollen Sie hier überhaupt?« Die Heilpraktiker bei Fiat: »Ich bitte Sie, Sie fahren Fiat, oder was haben Sie gedacht?«
Bei Mercedes ist das anders: Jeder Fall wird ernst genommen, hier laufen keine schmierigen Autoschlosser herum, sondern gepflegte High-Tech-Feinfinger, die das kränkelnde Sternmobil nicht mit Schraubenschlüsseln, Zangen und Schweißgerät, sondern durch einfühlsame Gesprächstherapie auf der Couch zu gesunden scheinen, ihre Privatpatienten zu Privathonoraren. Dabei gelten Wunderheilungen als die Regel.
Die kosten ihr Geld. Aber zurecht. Denn ein Mercedes geht eigentlich nie kaputt, das weiß ja wohl jeder. Daß er doch eindeutig kaputt **ist**, beweist, daß wir es mit einem Problem zu tun haben, das so einfach nicht sein kann. Taugt ein Mercedes weniger als sein Ruf? Auch der Plastikkamm, der auf der Verpackung in sieben Sprachen als »unzerbrechlich« gelobt wurde, wird

mitunter vom enttäuschten Kunden in zwei Teile zerbrochen zurückgegeben. So ist die Welt nun mal. Würde man den Konsumenten Wasser mit dem Aufdruck »unbrennbar« verkaufen, irgendeiner würde es doch zum Kokeln kriegen, nur damit er was zu reklamieren hat.

In den Reparaturtempeln anderer Marken wissen sie alles besser, obwohl das doch **mein** Wagen ist. »Glauben Sie mir, unser Mann wird schon selbst herausfinden, woran es liegt. Nein, Sie können da nicht rein. Außerdem ist jetzt Mittagspause.« Die Mercedeswerkstatt hingegen behandelt ihren Kunden selbst dann noch wie einen zurechnungsfähigen Partner, wenn er übereifrig **seine** Theorien über **seinen** Schaden vorträgt. Kein Mann kann so inkompetent daherquatschen, daß der Mercedesmeister nicht immer noch eine anerkennende Miene für ihn hinbekäme: »Auf die Idee, das **so** zu sehen, bin ich noch gar nicht gekommen. Da sehen Sie mal, wie der menschliche Geist sich durch die tägliche Routine einfahren kann.« Der Meister zeigt tiefe Betroffenheit, zusammengekniffene Lippen, inneres Ringen. »Wir wollen sehen, was sich **in Ihrem besonderen Fall** machen läßt.«

Auch die saftigste Rechnung fällt immer billiger als erwartet aus: »Wir hätten beinahe..., so wie man dies in solchen Fällen immer machen würde, schulmedizinisch gesehen. Und selbst das wäre noch vernünftig gewesen. Aber dann hatten wir diese individuelle und unkonventionelle Idee.« Es folgen 32 Fachausdrücke. Und so wurde denn alles nur halb so schlimm und doppelt so gut. »834,81 DM. Ja, der Wagen hat neu gut und gerne seine 28 gekostet, das war damals eine Menge.« Stimmt. »Und nichts hält ewig.« Stimmt auch. »Bei der Kilometerleistung ist das doch normal.« Ach so. Fein schwingt mit: »Selber schuld. Es ist eine Frage der Pflege, ob man auch morgen noch kraftvoll zubeißen kann.«

DAS ELITÄRE GEPÄCK

GEHEIMNISVOLLER KOFFERRAUM

Bei jedem gesunden Menschen übernimmt der Kofferraum die Funktion des Privatmuseums. Sorgfältig übereinander geschichtete Sedimente aus rostigem Werkzeug, zerstoßenen Kartons, korrodiertem Münzgeld, einer schmutzigen Decke, Orangensaft vom letzten Urlaub, die letzten drei inzwischen leeren Ölkanister und diverse schwer interpretierbare Gegenstände, die man irgendwann noch mal brauchen kann, treten bei archäologischen Grabungen im Kofferraum zutage. Man trennt sich von diesen Dingen erst Freitag, wenn sich die Verkaufsannonce im lokalen Käseblatt nicht mehr stoppen läßt.

Aus dem Mercedeskofferraum dagegen könnte man essen. Er ist so keimfrei wie der Mercedesfahrer. Der legt nichts direkt in den Kofferraum, jede Ladung wird vorher abgewaschen und dann nach Vorschrift verpackt. Selbst die Leiche, Opfer einer Affekttat oder seines festen Glaubens an ABS, hat er vorbildlich in mehrere Lagen Plastikfolie gewickelt und christomäßig verschnürt.

HANDSCHUHFACH

Gähnende Langeweile. Nichtmal Flusen. Neugierige Naturen sollten in den Spalten der Rückbank nach Indizien für ein Doppelleben suchen. Münzen, die hier gefunden werden, darf man laut einem Grundsatzurteil des Bundesgerichtshofes vom 23.03.1988 übrigens behalten (BGH Bs/Vrtg. 1403/4 Rs).

WAS LIEGT AUF ABLAGE UND RÜCKBANK?

Die Heckablage heißt in der Mercedes-Terminologie »Hutablage«. In keinem anderen Auto wird sie so häufig auch als solche genutzt. Gern drapiert der Mercedesfahrer einen Spezial-Helm zwischen die unvermeidlichen Pioneer-Boxen, die wie die Lego-Version einer intergalaktischen Kampfstation aussehen und komplizierte Kopplungsmanöver mit den zusätzlichen

Heckleuchten zu vollführen scheinen (man vermißt Barbie und Ken in Raumanzügen bei Außenreparaturen).
Mal ist der Helm aus Leichtmetall mit Nackenschutz in Leder gearbeitet, also genau richtig für extreme Temperaturen und den Löscheinsatz. Oder er besteht aus phosphorisierendem Material, so eine Art Heiligenschein für den Retter, der so wichtig ist, daß man ihn sogar im Dunklen sehen kann (vielleicht kann er auch übers Wasser laufen). Auch immer wieder ein Bringer: der sportliche Sturzhelm für Bob, Polo, Football oder Kanu. Wenigstens einen ordinären Schutzhelm sollten wir uns leisten. So reihen wir uns ein in die Elite abgekochter Bauluden, Spekulanten, Architekten und Abschreibungsakrobaten. In der Nachbarschaft wird das Gerücht die Runde machen, daß wir gerade insgeheim ein neues Haus bauen lassen.
Legt unser Mercedesfahrer wert auf weltmännisches Auftreten (und welcher täte das nicht?), besorgt er sich ein paar Autokarten: Sahara, Großraum New York, eine Kollektion europäischer Großstädte. Mehrere Versionen Tessin, die besonders abgenutzt aussehen müssen und obenauf liegen, dürfen nicht fehlen.
Auch Bücher oder Zeitschriften erzeugen an dieser Stelle den sympathischen Eindruck kreativer Unordnung. Das Geheimnis des Erfolges liegt zweifellos in der geschickten und das heißt glaubwürdigen Plazierung dieser »zufälligen« Ladung. Mindestens ein fremdsprachiger Titel, bevorzugt natürlich Restaurantführer für Gourmets, und unbedingt ein Fachblatt. Warum soll sich nicht auch ein einfacher Malermeister in Bad Essen für die große Enthüllungsstory zum Thema »Sonarpalpation kranialer Ganglien« im vorletzten Ärzteblatt interessieren?
Auch immer wieder überzeugend: der Golf-Set mit sämtlichen Schlägern, wenigstens aber die repräsentative Tennis-Tasche. Videokassetten und Zeitschriften wie Hörzu, Neue Revue, Bunte etc. werden hingegen auf der Rückbank aufbewahrt, immer von einem Mantel bedeckt.

DER CW-TURBO-DACH-SARG

Je wichtiger man wird, desto mehr braucht man. Je mehr man hat, desto weniger will man missen. Kein Kofferraum kann proportional zur Karriere mitwachsen. Und ein Lastwagen sähe zu proletarisch aus.
Dem Mercedesfahrer paßt ein Dachgepäckträger eigentlich nicht ins Bild[9].

---

[9] Selbst wenn er eine einigermaßen beeindruckende Ladung trägt: Surfbrett (besonders im Winter!), Mountain-Bike, Skul, die frisch angeschaffte Plastik von Henry Moore etc.

Also hat jemand nachgedacht und den CW-Turbo-Dach-Sarg erfunden! Der sieht ganz so aus, als sei er bei den Dreharbeiten zu Star-Wars Teil IV übriggeblieben: keine plumpe Kiste aus Hartplastik, sondern Mr. Spocks modern und mysteriös durchgeformter Weltraumklokasten mit abgerundeten Kanten.
Im CW-Turbo-Dach-Sarg könnte alles sein, und sei es heiße Luft. Ein paar unknackbare Schlösser seitlich stellen sicher, daß niemand es je herausfinden wird. Im CW-Turbo-Dach-Sarg könnte man seine Pornoheftchen gattinnensicher herumfahren. In ihn paßt die gesamte Sammlung Spezialausrüstungen, die man vorher wegen Überfüllung immer dann gerade nicht im Kofferraum hatte, wenn man sie mal brauchte. Flaschenzug, Barrengold aus Luxemburg, Sauerstoffgerät, Konserven für sämtliche Blutgruppen der Familie, die vollständige Goethe-Gesamtausgabe plus all die Dinge, die man sich irgendwann geliehen hat und nun immer wieder einzupacken vergißt, wenn man die Freunde besucht, die die Rückgabe schon seit Wochen anmahnen.
Badesachen sowieso. Aber auch Schlafsack, Jodtabletten, Milchpulver, Dosenfleisch für die ersten zwei Monate nach der Chemie- oder Atom-Katastrophe, die einen bestimmt erwischt, wenn man gerade im Berufsverkehr auf dem Stadtring Köln steckt.

DER MERCEDES-HUND

In Hundekreisen genießt Mercedes den Ruf, die besten Hundehütten der Welt zu bauen. Bequem, geräumig, zuverlässig, die exclusive Atmosphäre der Geborgenheit durch aktive Sicherheit und diese prima Kopfstützen zum Zerbeißen.
Mercedeshunde träumen davon, verfeindeten Kläffern im Stile von Herrchen nachzufahren oder leckere Kaninchen nach wilder Verfolgungsjagd über rote Ampeln und umgekehrt durch Einbahnstraßen zu überrollen, um sie dann genüßlich zu verspeisen (roh).
Ein Spitz hat im Mercedes nichts zu suchen – klar. Boxer? Ist was für BMW oder Rover. Der Mercedeshund unterhalb der S-Klasse ist der Schäferhund, weil er für den Deutschen der Hund als solcher ist, wie der Mercedes das Auto als solches ist. Beide sind überaus zuverlässig und treu, Gebrauchsauto und Gebrauchshund, beide teilen diese konservative Normalität, von der aber jeder weiß, daß man sie nicht unterschätzen darf. Harras sieht zwar eher mittelmäßig aus, aber er hat dolle Papiere, dreizwo gekostet und den

Verbrechensbekämpfungsorden erster Klasse am Band plus Kinderliebe (auch wenn seine Kollegen gelegentlich Kinder zerfleischen). Herrchen, Fahrzeug- und Hundeführer, besitzt nur nützliche Dinge, weshalb er sich für Annelore entschieden hat, die immerhin ein Drittel Mietshaus am Bein und etwas Festgeld hatte.

Von welchen Pelztieren läßt sich aber der gehobene Stand die SEL-Polstergarnitur verhaaren, die Seitenfenster vollseibern und die Türverkleidung zerfetzen? Wir sehen gehäuft Rottweiler. Die wörner-mäßige Erscheinung des Rottis macht dem Mercedesfahrer Freude: Dieses nicht zu große Kraftpaket mit der kurzen Schnauze, dieser etwas behäbige Blick. Untersetzter Biertrinker, keine Schönheit, aber ein Erfolgshund mit Durchsetzungskraft. Ein Beißer. Wie ich. Am Dobermann stört, daß er nicht nur schöner, sondern sogar intelligenter ist als ich.

MERCEDES ALS ZUGMASCHINE

Yacht: das schönste Statussymbol. Leider fällt man besonders in Kleinstädten schnell peinlich auf, wenn man das Ding wochenlang nicht abkuppelt und überall damit herumfährt. Gelegentlich unpraktisch (Parkhaus, Parkplätze, Garage).
Pferdetransporter: Platz zwei. Verfehlt auch leer seine Wirkung nicht.
Lastenanhänger: rustikal. Sieht nach Hausbau und Zupacken aus. Statt Lastenanhänger kann aber fast immer für dieselben Transporte, einschließlich Zement oder Camping, ein Pferdetransporter verwendet werden (zur Steigerung der Wirkung etwas Stroh unter die Tür klemmen).
Wohnwagen: unflexible Typen, die sich entweder kein Hotel leisten können oder keines finden, das geschmacklos genug eingerichtet ist. Hoffnungslos aus der Mode. Wird nur von Rentnern und krankhaft vermehrungsfreudigen Krämerseelen benutzt. Unwürdig. Hände weg.
Marktlücke: Tuning-Anhänger.

WELCHE MUSIK?

Bei der Auswahl seiner Musik gibt sich der Mercedesfahrer weltoffen wie immer. **Beides**, heißt seine Devise, Pop **und** Klassik. Unter Klassik versteht er, was alle unter Klassik verstehen: Beethoven. Mozart und Bach, die Moldau und »Also sprach Zarathustra« läßt er auch noch durchgehen. Moderner Pop sind für ihn alle englischsprachigen Titel, die jemand anders für ihn aufgenommen hat. Wirklicher Pop sind und bleiben die zeitlos schönen Beatles.

Opernfans und vor allem Wagnerianer fahren ausschließlich Mercedes. Sie nehmen gern Anhalter mit, die sie dann mit profunder Kennerschaft in der Götterdämmerung auf die Stelle hinweisen können, wo das Kontrafagott das Cis aufnimmt und Ruhnfried sein »des Eisens treuen Schwur ich spür« ins Festspielhaus gröhlt: 3. Akt, II. Aufzug, 2. Szene, Rudolf Schock als Schwert, Anneliese Rothenberger ... sicher auch als irgendwas[10].

---

[10] Gwynneth Jones erwähnt er nicht, weil er sich erstens der Aussprache nicht sicher ist und weil zweitens Negerinnen eigentlich nichts auf Wagnerbühnen zu suchen haben.

MERCEDESFAHRER-STECKBRIEFE

Die grauen Klassiker

DER CHEF

Mercedesse werden ausschließlich für Chefs entwickelt und müssen unverschämt teuer sein, weil ein Chef sie sonst nicht kaufen würde. Für ihn stimmt die Gleichung: unverschämt teuer gleich unverschämt gut. Auch muß es immer ein Modell geben, das sogar unvernünftig teuer ist. Wenn man es wirklich hat, kauft man diesen Typ und tut so, als machten einem 127.338,- Mark ohne Extras für den 560 SEL nichts aus. Wer weniger als 142 Sklaven befehligt, kann überall seine Bescheidenheit rausposaunen, wenn er sich mit dem 500 SEL begnügt (nur DM 90.345,-).
Selbst der große Mercedes sagt heute, im Leasing-Zeitalter, nicht mehr alles über die wahre Position seines Besitzers. Daher zerbricht sich der Chef seinen Kopf immer weniger über den angemessenen Mercedes-Typ, aber immer mehr über die möglichst auffällige Gestaltung seines reservierten Privatparkplatzes. Kette muß sein, schöner wäre irgendwas Automatisches mit Fernbedienung wie die Garage zu Haus. Kennzeichnen wir unseren Stellplatz, gleich neben dem Haupteingang, nur mit unseren Kennzeichen an einem Messingschild (der Vize hat Blech) oder schreiben wir lieber gleich unseren vollen Namen (mit allen Titeln!) auf den ölflecklosen Asphalt? Nicht schlecht wäre der Portier in Uniform, der die Tür aufreißt und mit Regenschirm kommt.

DER MANAGER

Chefs regen sich gelegentlich auf und schreien rum. Sie fahren SEL und sterben plötzlich. Manager waren auf der Führungsakademie, schreien deshalb nicht rum und haben einen handlichen Korb mit verschiedenen Medikamenten auf dem Frühstückstisch. Sie fahren SEC. Sie sterben langsam (aber ständig).

DER FUNKTIONÄR

Im Prinzip wie Chef, aber schlechter frisiert (Haare bedecken teilweise die Ohren). Ein Chef würde auch nie eine Kassenbrille tragen. Mercedes etwas kleiner als der des Chefs.

DER VERTRETER

Wichtiger Grundtypus. Irgendwann kommen die höheren Weihen für den Mundspraybenutzer. Die Verkaufskanone des Bezirkes Neuisenburg-Pappstatt bekommt einen neuen Schlüssel in die Hand gedrückt. Die Timex für 25 Jahre treue Sklavendienste gehört einem wenigstens. Im Firmen-190 darf man nur herumgurken.
Aber wie! Der Vertreter entwickelt einen ganz eigenen Fahrstil, der sich aus den folgenden typischen Komponenten zusammensetzt: 1. Gnadenlosigkeit. Jeder Vertreter, der es zum Stern auf dem Kühler gebracht hat, ist in ihr ohnehin geübt. 2. Verachtung. Nur wer alle Menschen verachtet, kann genügend gut lügen, um erfolgreich zu verkaufen. 3. Rache. Weil der inkompetente Chef einen schikaniert und man zu schlecht bezahlt wird. 4. Thrill. Man möchte seine Grenzen kennenlernen. 5. Zeitnot. Denn Zeit ist Geld, und Vertreter haben immer Schulden.
Vertreter zählen sich selbst notorisch zur Herrenrasse der Vielfahrer, zu jener Elite also, die allein weiß, **wie** man fährt. Die professionellen Raser verbindet das Gefühl, wie auf dem Nürburgring ständig im Kreis zu fahren (so viel größer sind die meisten Vertreterbezirke wirklich nicht) und bereits eine Runde Vorsprung zu haben, wenn man an dem trägen Verfolgerfeld vorbeiziehen will, das einem dreist die Bahn versperrt, anstatt sich in die ihm zugedachten handtuchgroßen Lücken zwischen den LKWs zu verteilen. Der mercedesfahrende Vertreter hat ein ausgesucht schwieriges Verhältnis zu den anderen Vielfahrern, besonders wenn sie ebenfalls im Stern-Mobil daherrauschen. Es leuchtet noch jedem ein, daß, unschlagbar hackordnungsbewußt wie man in dieser Berufsgruppe nun mal ist, ein Vertreter im 190 E keinesfalls erlauben kann, vom Emporkömmling im Quattro kalt stehen gelassen zu werden. Was aber, wenn die S-Klasse mit Fernlicht und nervöser Nebelleuchte im Rückspiegel auftaucht? Der 190 wird das Gaspedal bis zum Bodenblech durchtreten, aber dem Aufholer nicht entrinnen können. Der Moment der Entscheidung kommt mit dem Blick auf das Kennzeichen des Verfolgers. Kommt er von weiter weg als man selbst, läßt man ihn

nach kurzer Bedenkzeit gewähren. Stammt der S von weniger weit weg als wir oder ist er gar ortsansässig? Dann muß er ein bißchen schmoren, weil er nicht so wichtig ist wie wir. Jaguars läßt man anstandlos vorbei, die laufen außer Konkurrenz. Doch schnelle Japsen, große Opel, VW und vor allem den Erzfeind BMW sehen wir gar nicht, wenn sie überholen wollen.

DER LEITENDE ANGESTELLTE

Extrem weit verbreiteter Mischtyp aus Chef und Vertreter. Fährt Mittelklasse. Unerwartet ungefährlich, weil nicht nach Leistung bezahlt. Rast vor allem auf dem Nachhauseweg.

ARZT UND ZAHNARZT

Ärzte halten sich für die letzte Instanz. Sie sind ständig im Einsatz und führende Nutzer der eingebauten Vorfahrt. Sie rasen aus Trainingsgründen: Im Notfall muß man schneller sein können.
Chirurgen schneiden im SL durchs zähe Verkehrsgewebe und legen bei roter Ampel an der Kreuzung bei Gelegenheit einen gekonnten Bypass über das Gelände der Ecktankstelle. Dentisten schätzen das Surren hoher Drehzahlen bei Motoren ab sechs Zylindern, das erinnert so an den neuen Siemens Bohrset.
Auch das Frauchen hat einen großen Benz. Nie ist der ärztliche Mercedes aber größer als der des Anlage- und Abschreibungscowboys mit den doppelseitigen Anzeigen, dem man 200.000,- Mark gegeben hatte, weil er 280 % Verlustzuweisung versprechen konnte, dann aber mit nur 100 % unserer Einlage stiften ging.

RECHTSANWALT UND ANLAGEBERATER

Jeder weiß, daß aggressive Betrügernaturen lieber BMW fahren. Wen glauben sie mit ihrem Mercedes zu täuschen?

SONSTIGE FREIBERUFLER

Ihr Mercedes ist immer eine Nummer zu groß, weil das nächste Jahr sicher besser werden wird.

Klein-Klein

TAXIFAHRER

Selbständige Taxifahrer im Mercedes haben immer recht. Schließlich lernen sie in ihren Pausen die Bild-Zeitung auswendig. Grob stauchen sie uns zurecht, wenn wir die von ihnen gewählte, sicherlich landschaftlich interessantere Strecke durch die Innenstadt für einen Umweg halten, nur weil unser Fahrtziel zufällig in entgegengesetzter Richtung liegt. Als Mitglieder der 9,1 % dünnen Oberschicht der Freischaffenden in unserem Lande fühlen sie sich als Chefs. Die einzigen Chefs, die Trinkgeld erwarten. Selbst der jobbende Taxifahrer ist niemals ein einfacher Mann. Er hat seinen Dr. rer. pol. summa cum laude bestanden.

Als gnadenlose Holzer fallen sie uns im Verkehr auf und labern uns ungefragt die ganze Fahrt über voll (am schlimmsten: Köln und andere kleinkarierte Provinzörtchen). Daimler-Benz sieht in den Taxen einen wichtigen Propaganda-Motor für die Vorteile des guten Sterns auf allen Straßen. In der Tat: es gibt keine besseren Beweise für die eingebaute Vorfahrt.

DER BAUER

Die runzelige, zu beiden Seiten schroff abfallende Straße läßt einen Mittelstreifen gerade noch verwaschen ahnen. Eine Ochsenbreite rechts daneben wird der Stern einjustiert, und dann heißt es nach Gutsherrenart weiterdösen. Der Bauern-Diesel tuckert mit Subventionsdiesel (eigentlich für den »Schlepper« bestimmt) vor sich hin durch die schöne flurbereinigte Landschaft zwischen Gehöft und Winterweizenfeld. Auf den Feldwegen des Allgäus passieren die meisten Unfälle pro 1000 Einwohner, weil hier jeder davon ausgeht, daß es keinen Verkehr gibt.

Des Landmanns Mercedes ist unverwüstlich. Das kommt, weil er so vernünftig gefahren wird: grundsätzlich einen Gang zu tief (auch der Benziner des Großbauern klingt daher wie der vertraute Diesel) und nur auf sehr guten Straßen knapp oberhalb der Mindestgeschwindigkeit. Der Benz soll halten. Werner, unser Ältester, soll den Wagen übernehmen, wenn er erwachsen wird: an seinem 35. Geburtstag.

Dem stadtfein gewienerten Wagen sieht man seine Herkunft in der City nicht gleich an, aber der Fahrer verrät sich sofort. Denn mit dem Wegfall

der Pferde aus dem bäuerlichen Produktionswesen sind nicht gleichzeitig auch die Scheuklappen abgeschafft worden. Starr heften sich die Augen auf den schmalen Ausschnitt des Geschehens um den Stern herum. Damit auch ja nichts Ungewöhnliches passieren kann, sitzt der Bauer, das Lenkrad fest in beiden Fäusten, auf der vorderen Kante seines Fahrersitzes und beugt den Kopf vor, bis seine Nase fast die blitzsaubere Frontscheibe berührt. Dieser Bauernfünfer möchte sich nicht vorwerfen lassen, er habe nicht aufmerksam hingeschaut.

Zum Linksabbiegen setzt der Nährständler den Blinker schon 1,28 Kilometer im voraus und ordnet sich schneckenlangsam zur Straßenmitte ein. Im Stand wartet er ewig, bis für mindestens eine Minute am Stück kein Gegenverkehr droht. Es folgen 58 Sekunden Bedenkzeit bei freier Gegenbahn. Er zieht schließlich links rüber, als ein inzwischen entgegenkommender Wagen bis auf 10 m rangekommen ist und sich nur noch durch qualmende Vollbremsung retten kann. Ein Landmann biegt nie links ab, ohne vorher unerwartet und kräftig rechts ausgeholt zu haben, so als habe er zwei überlange Miststreuer hinter sich herzuziehen.

Der Bauer muß im normalen Verkehr immer wieder durch Hupen daran erinnert werden, daß dies die Realität ist und nicht der Fernseher, vor dem er abends regelmäßig einnickt.

RENTNER

Besonders gefährliche Mercedesfahrer. Stilistisch fast identisch mit dem Bauern, kann sich aber leider nicht dran gewöhnen, daß seine große Zeit als Vertreter oder Zahnarzt vorüber ist (und es inzwischen sowas wie Verkehr sogar in Paderborn gibt).

DER SOLIDE KLEINBÜRGER

Der Wagen ist bar bezahlt. Elf Jahre wurde gespart. So muß sich Kohl gefreut haben, als er Kanzler wurde. Dieser Wagen wird nie älter als 100 km aussehen! »Zur optischen Wertsteigerung« hat sich Vati den transparenten »Pflegemittel-Koffer« von Mercedes mit »Autoshampoo, Polish, Insektenentferner, Plastikreiniger, Polierwatte, Poliertuch, Fleckenwasser, Scheibenwaschmittelkonzentrat und Glanzkonservierung«, sowie den Original-

Mercedes »Fliegenschwamm« zugelegt, unverzichtbare Produkte, die »zum Teil speziell für Mercedes-Benz entwickelt« wurden.

Jedes Wochenende wird der empfindliche Wagen mit dem päpstlichen Segen des Herstellers vorsichtig eingeseift, Cosy-Wash würde den Lack ruinieren, und dann mit Gefühl trockengeledert. Für die Chromteile wird nur die offizielle Chrompflegeserie von Hormocenta verwendet. Zum Abschluß bekommt der innen zur bakterienfreien Zone erklärte Mercedes noch eine kräftige Dosis »Cockpit-Spray«, das Deo fürs Auto, in der zarten Duftnote »Cannstatt No. 5«.

Diesem Typ fällt es schwer, die Schutzfolie von den Sitzen zu nehmen, mit denen der Neuwagen ausgeliefert wird.

DER MINDERBEMITTELTE

Während sich der Kleinbürger in erster Linie mit dem Problem herumschlägt: »wie beschaffe ich einen Mercedes«, zerbricht sich der Minderbemittelte vor allem darüber den Kopf, wie er den Mercedes wieder loswerden kann, ohne sich dem Spott all derer auszusetzen, die es ihm nicht besser prophezeit hatten. Er **hätte** ihn sich leisten können, aber seit er mit der Chefkarosse vorfuhr, floriert die Schwarzarbeit nicht mehr so wie früher, wohl weil man ihn plötzlich für reich und damit für zu teuer hält (»Wie anders hätte er sich den Daimler leisten können?«).

Eines Tages erscheint er mit Leichenbittermiene im Betrieb. »Sie haben mir gestern die Pappe abgenommen!« Weil Waltraut sich mit dem großen Wagen nie recht anfreunden konnte und ihn nun chauffieren muß, »schaffen wir den Mercedes **erstmal** ab. Wenn ich den Lappen wieder habe, holen (!) wir uns vielleicht einen anderen.«

Schnell wächst Gras über seinen gescheiterten Ausflug in die Welt der Gutbetuchten. Waltraut, in Wirklichkeit treibende Kraft hinter der schwachsinnigen Anschaffung des Teuermobils, muß ihren Beschäler zur Wahrung des Scheins herumfahren. Sie haben sich einen Golf gekauft. Erst jetzt, im bescheidenen Kleinwagen, wird der Minderbemittelte von seinen Kumpels als Held verehrt: wenn er sich gelegentlich selbst hinters Golf-Steuer setzt und eiskalt in der Gegend herumfährt, **ohne Führerschein!**

Weniger intelligente Minderbemittelte verkaufen den Mercedes nicht. Man staunt, wieviele Monate man von Aldi-Spaghetti mit Tomatensauße, Aldi-Brot, Aldi-Margarine und Aldi-Marmelade leben kann und wieviel sich sparen läßt, wenn man nicht mehr duscht.

DER HANDWERKSMEISTER

Kleinbürger und Chef im Mischungsverhältnis 9:1. Hochgradig verunreinigt durch Bauern-Anteile. Legt sich nach dem Kauf unter den Wagen, um mitreden zu können (und redet ausgiebig mit – zum Schrecken der fachkundigen Menschheit).

DER GASTWIRT

Wer nichts wird, wird Wirt. Mit seinem Minderwertigkeitskomplex wird der Gastwirt auf zwei Arten fertig: erstens Anschaffung eines T-Mercedes, zweitens: er hat eine Metro-Karte.

»ICH SCHAFF BEIM BENZ«

Jeder, der »beim Benz schafft«, darf sich jedes Jahr einen neuen Mercedes kaufen. 70.000 Wagen, ein Viertel des Inlandsabsatzes, geht für bis zu 21,5 % Rabatt (je nach »Dienstjahren«) an die eigenen Leute. Der 230 E mit ein paar Extras ist 9000,- Mark billiger als im Laden[11]. Nach einem Jahr wird er als Jahreswagen auf dem freien Markt verkauft und bringt noch fast den Neupreis. Manche Schlauberger versprechen ihren Jahreswagen schon vor der Anschaffung, stellen die Kiste in die Garage und fahren Golf.

Was von Mercedes übrigbleibt, wenn man die Exklusivität subtrahiert, wird in der Umgebung Untertürkheims bespielhaft als Niedergang einer Nobel-Marke vorgeführt. Unerträglich, diese Parkplätze, wo Daimler neben Benz neben Mercedes neben Daimler-Benz neben Mercedes-Benz steht und nur der Renault mit ungläubigen Augen als Exot bestaunt wird. Die klassenlose Gesellschaft, die nur aus Chefs besteht, das ist der Untergang des Abendlandes. Ohne Peugeot ist Mercedes nicht möglich, soll er nicht zum Trabbi im Schlaraffenland verkommen. Wenn es das ist, was Karl Marx immer gewollt hat: die Menschen kann man so nicht glücklich machen.

---

[11] Sehr zum Ärger der Händler. Aber jetzt will Steuerrevolutionär Stoltenberg 3000,- Mark davon kassieren. Sehr zum Ärger von Lothar Späth, unserem geliebten Schattenkanzler.

Frauen

DIE KARRIEREFRAU

Der einzige Mensch, der mehr mit dem Unverständnis seiner Umwelt zu kämpfen hat als der verkannte Popstar. Wessen Mercedes sie fährt? Den ihres Mannes? Nein, sie ist nicht verheiratet. Den, den er ihr nach der Scheidung hatte lassen müssen? Nein, sie war nur einmal verheiratet, und der ist nie über einen Passat hinaus gekommen. Den ihres Bruders? Nein, sie ist Einzelkind. Leihwagen nach Unfall? Nein. Jetzt kommt der schräge Blick. Also horizontales Gewerbe! Es wird vornehm geschwiegen. Die Karrierefrau übernimmt die Initiative: Nein, auch nicht, was **Sie** denken. Dann kann der Benz nur noch zweierlei sein: geklaut oder selbst verdient. Beides gleichermaßen bewundernswert bei einer Frau.
Und wie sie darunter leidet, daß man es ihr nicht sofort ansieht! Daß sie jedes und jedes Mal wieder allen alles ausführlich erklären muß! Nein, sie ist nicht die Sekretärin von »Herrn Abteilungsleiter Dr. G. Bentel«, sie ist Dr. G. Bentel höchstselbst, Dr. Gerda Bentel. In aller Bescheidenheit. Wie leicht könnte sie sich das ersparen, würde sie statt G. einfach Gerda schreiben? Nein, sonst kommen die Leute gleich präpariert mit Vorurteilen gegen Frauen in gehobenen Positionen. Selbstverständlich verzichtet sie auf ein Typenschild!
Sie fährt immer ein brandneues Modell. Dann kann sie behaupten, daß die technischen Verbesserungen im Vergleich zum Vorgänger und den von ihr lückenlos recherchierten und probegefahrenen Konkurrenzprodukten sie doch überzeugt haben, gerade diesen Typ anzuschaffen, zumal unter Berücksichtigung der momentanen Wiederverkaufssituation laut Schwacke-Liste, der Abschreibung und der günstigen Leasingkonditionen, die man als Geschäftsfrau heutzutage eingeräumt bekommt. Speziell, wenn man langjähriger Stammkunde ... Was, Sie sind schon 39, das sieht man Ihnen aber wirklich nicht an. Ganz ohne Ihnen schmeicheln zu wollen.
Karrierefrauen haben noch weniger freie Zeit als Karrieremänner. Sie kümmern sich noch um den Haushalt, um die Auswahl der angemessenen Garderobe, täglich Haare machen, täglich besser sein als die Männer, die es immer noch nicht glauben wollen: das kostet Zeit und Nerven. Aber für den Auftritt in der Werkstatt büffelt sie in der Fachliteratur die Aggregate des

Autos[12] und studiert den Hazet-Werkzeug-Katalog, um im rechten Moment dümmlich dreinzuschauen aber dabei offensichtlich besser bescheid zu wissen als der durchschnittliche Selbstbastler, der in Ermangelung abknickbarer Gummifinger mit Kardangelenken nicht mehr weiterkam und sich daher kleinlaut an die Vertragswerkstatt wenden mußte. Sie diskutiert Schließwinkel, Sturz und gekröpften Imbus. »Woher kennen Sie sich so gut aus?« Unschuldig fragt sie zurück: »Ist das nicht Allgemeinwissen?«

DIE EHEFRAU

Daß er, respektive **wir** 122.000,- im Jahr nach Steuern haben, führt sie vor allem darauf zurück, daß er das große Glück hat, die richtige Frau abbekommen zu haben, die ihn zu Höchstleistungen anspornt und seine Krawatten aussucht. Sie hat ihn erst zum Menschen gemacht und ist nun doppelt stolz auf ihn, ihr Werk.
Für den Mann ist sein Mercedes eine Art exklusive Märklin-Eisenbahn, ein schönes, teures Spielzeug, für seine Ehefrau jedoch immer bitterer Ernst. Kaum ist das Modell, das man sich gerade noch erlauben kann, gekauft, schwärmt sie ihm schon vom nächstgrößeren vor, das sich neulich in der Bekanntschaft jemand gekauft hat, und die haben es auch nicht dicker als wir. Männer kaufen Mercedes, damit ihre Ehefrauen endlich den Mund halten.
Doch das vornehm ignorante Herumgekurve der Gattin im großen Wagen – für ihn eindeutig Ursache des schlechten Rufes, den Mercedesse als Verkehrsteilnehmer genießen – hat nur Vorteile für den Erfolgsmann. Er kann auf kleinere Unfälle und Schrammen hoffen, die den chronisch schiefen Haussegen wieder in rechtwinkelige Ideallage bringen: Tausche mein schlechtes Gewissen wegen Akten übers Wochenende, Verkehrsverzicht (ehelichen, wegen Überarbeitung), abendliche Überstunden (mit Sekretärin) gegen dein schlechtes Gewissen wegen Beule Kotflügel vorn oder Fahrerflucht (nach klitzekleiner Delle beim feindlichen Bürger-Opel, der sich aber auch so saublöd hingestellt hatte, daß man einfach nicht vernünftig einparken **konnte**...).

---

[12] Wir wissen nicht, was ihr der freundliche Tankwart empfohlen hat. Wir würden jedoch trotz des auf den ersten Blick irreführend wirkenden Titels zu »**Billige Autos**« Bd. 1 und 2, von Achim Schwarze und Axel Lange, Eichborn Verlag (DM 20.- und DM 10.-) raten. Band 1 erklärt genau, wo was liegt und wie ungefähr es funktioniert. Band 2 bringt Diagnosetafeln und gnadenlose Steckbriefe verschiedener Marken, einschließlich Mercedes, damit man auch kompetent über Lada oder Citroën herziehen kann.

ROSEMARIE NITRIBITT NACHF.

Die horizontalen Nachfahrinnen von Rosemarie Nitribitt selig nehmen unter den Mercedesfahrern eine Sonderstellung ein. Nur sie genießen es, wenn der Wagen in die Werkstatt muß. Hier beginnt ihre fälschungssichere Wunschwelt der feinen Kreise: eine Rolex kann immer eine »Imi«, das Jil-Sander-Etikett ins C & A-Kostüm genäht sein: doch bei Mercedes ist alles Gold was glänzt. Ein Benz war immer schweineteuer.
Im unauffälligen Daimler fährt sie vor, hebt Fendi-Tasche und Yorkshire vom Beifahrersitz und gibt sich ganz als hilflose Gattin mit Haushaltsgeldproblemen und schlechtem Gewissen wegen der Beule. Sie ist vor verdächtigenden Blicken sicher. Mercedeskunden sind prinzipiell seriös.

Sonstige Mercedesfahrer

JUNGGESELLEN UND EHEMÄNNER

Da Ehemänner sich jederzeit als Junggesellen fühlen und meist auch als solche präsentieren und weil alle Männer entweder Ehemänner oder Junggesellen sind, erübrigt sich eine eingehende Beschreibung. Eine Kleinigkeit unterscheidet sie nur: Für den Ehemann symbolisiert sein Mercedes die Unabhängigkeit des Junggesellen. Der Junggeselle heuchelt seinen flüchtigen Abenteuern mit dem Mercedes die Seriosität des Ehemanns vor.

DER YUPPIE

Dem Erfolgsmenschen der jüngeren Generation war der Mercedes schon eine Nummer zu brav. Weitere Forschungen zum Thema müssen den Geschichtswissenschaftlern überantwortet werden, ist doch der Yuppie kürzlich ausgestorben, bzw. durch das ersetzt worden, was er früher schon immer war: das Arschloch vom Internat, das uns mit der schweren Asche von Vati die Tellerwäscher-zum-Millionär-Operette vorsingt.

DER (HALB)ALTERNATIVE MERCEDESFAHRER

Die nächste Waldorfschule ist 35 km weg, zum Aldi müssen wir eine Viertelstunde fahren. Der Mercedes ist genehmigt – solange es kein Benziner ist. Spätestens die nachträglich angepfuschte Anhängerkupplung reinigt die Karosse von jedem Luxus-Verdacht und läutert sie zur liebenswerten Nutzmaschine. Auch verschiedenfarbige Türen und frisch gespachtelte Kotflügel kommen als vertrauensbildende Maßnahmen in der Szene in Betracht.
Als besonders kultiviert gilt die nostalgisch rustikale Heckflosse. Der Strichachter dient dem täglichen Transport der Kerzen-, Ledergürtel-, Antiquitäten- oder Plunderschmuck-Kollektion zu den Floh- und Weihnachtsmärkten der weiteren Umgebung. Dem alten 280 S verpaßt das benachbarte Auto-Kollektiv eine verlängerte Antriebsachse und hängt die 220er Dieselmaschine rein, Höchstgeschwindigkeit 120 km/h – bergab, also immer noch 20 % schneller als das allseits geforderte Tempo 100. 280 S mit Servo, und trotzdem darf der Aufkleber dranbleiben: »Ich bin Energiesparer« (Ein Glück! Die Dinger gehen verdammt schwer ab!). Am besten kommt natürlich der umgedieselte Krankenwagen.
Im Winter sitzt man bei Diesellatein und Kräutertee beieinander: »Letztes Jahr ist mir in der Osttürkei der Diesel eingefroren, geleemäßig, da habe ich ein Feuer unter dem Motorblock machen müssen. Jetzt tanke ich ab minus 20 ein Fünftel Benzin.«
»Ich kenne da einen, Chemiestudent, der arbeitet an einem Verfahren, den Farbstoff Furfurol aus dem Heizöl rauszufiltern, das spart irre Geld.«
»Ein Kumpel von mir der hat nur für die Heizölkontrollen der Bullen einen zweiten Spezialtank in seinen Tank eingebaut.«
»Man müßte einen 240 D nach Indien schmuggeln.«
»Und mit dem Geld die unzähligen Daimler aus den 40ern, die gut erhalten in Chile herumfahren, in einen Container stecken und nach Deutschland bringen.«

DER MUSIKER

Die Überzeugung, wirklich berufen zu sein, und daß es nur eine Frage der Zeit ist, bis sechsstellige Summen fließen (ohne Minuszeichen davor), machen ihm all die Anschaffungen leichter, die anderen Mitmenschen solange schlaflose Nächte bereiten würden, bis sie schließlich den erlösenden Offenbarungseid schwören dürfen. Der Musiker nimmt selbstgewiß

Kredit auf die ruhmreiche Zukunft. Wenn es eng wird, sagt er sich, wirft er eben seine geschmacklichen und moralischen Grundsätze über Bord und wird »kommerziell«.

Gerade Musiker bilden sich ein, daß mechanische Gegenstände, die durch ihre Hände gegangen sind, nur gewinnen und wertvoller werden können. Die Mensch-Forschung spricht vom Midas-Syndrom[13]. Deswegen stört es sie nicht, wenn der Wagen mehr als reichlich Steuer und Versicherung kostet, aber meist steht. Er steigt täglich im Wert, und zudem spart das Sprit, schont den Motor und ist notwendig, weil man entweder arbeitet (Music-Shops, Plattenladen, Kneipe, Taxi) oder gerade nicht genügend Geld für die sechs dringlichsten Reparaturen hat.

Wenn der alte 350 SEL mal fahrbereit ist, werden selbst noch Strecken gefahren, die jeder normale Mensch zu Fuß zurücklegen würde. Auch erfahrene Freunde des Musikers müssen immer wieder zäh auf ihn einreden, bevor er auf die Fahrt in die Sackgasse gleich neben der Fußgängerzone in

---

[13] Nach König Midas. Alles, was er berührt, wird zu Gold.

der Münchner City zu verzichten bereit ist. Bisher habe er immer einen Parkplatz bekommen, und auf ein Strafmandat mehr oder weniger kommt es auch nicht an, bei den Kosten, die so ein Wagen sowieso verursacht. Wenn man ihn schon hat – zugegeben unvernünftigerweise, aber man gönnt sich ja sonst nichts – möchte man auch was von ihm haben. Es zieht nur ein Argument: Wenn der Wagen abgeschleppt würde, könnte dies einen Kratzer auf den so wunderbar erhaltenen dunkelblauen Originallack bringen. Das wäre in der Tat nicht zu verwinden.

DER SCHEICH

Es wird berichtet, daß Scheichs bei einem Neuwagen nur eine Tankfüllung leerfahren und ihn dann wegschmeißen. Aber der Scheich ist kein Verschwender. Er fährt seinen Mercedes bis zur ersten Panne, um ihn dann für immer am Straßenrand stehen zu lassen.
Scheichs sind die besten Kunden der deutschen Auto-Veredler. Einen Mercedes, der nicht für wenigstens 200.000,- aufgepeppt wurde, findet der Saudi peinlich. Verschwenden wir nicht wertvollen Platz mit der Erwähnung jener kleinen Extras im Auto, von denen jeder halbwegs kultivierte Mensch weiß, daß sie eigentlich zur unverzichtbaren Grundausstattung zählen: Trennscheibe zum Fahrer, Kühlschrank, Vogelhäuschen (in Silber, für den Jagdfalken), Video, Telefon, Whirlpool, Miet-Blondine.

DER GI

GIs dig Mercs, man. Feuerrot oder schwarz müssen sie sein und SEL, SL oder SE heißen. Jamie stellt sich in Uniform daneben, Aviator Glasses von Ray Ban auf der Nase, und lächelt vielsagend ins Polaroid. Wow, Jamie hat's in echt geschafft, staunen die alten Kumpels in der South Bronx, Jamie mischt ganz oben mit.
Jeder GI schafft sich seine bleibenden Werte in Nazi-Country. Irgendwann werden sie in den Container gepackt (Kofferraum voller Kuckucksuhren für sämtliche Verwandte) und rübergeschifft. Nur der Zoll darf erfahren, wie billig die Schüssel wirklich war, wegen der Einfuhrsteuern. Wieder zuhause in der Bronx bleibt die Freude am schicken Importwagen allerdings klein.

Der nächste sichere Parkplatz ist über eine Stunde mit der U-Bahn entfernt und kostet doppelt soviel Miete im Monat wie die Wohnung.

Friemler

DER SELBSTBASTLER

Jeder durchschnittliche Mercedesfahrer berichtet irgendwann stolz von seinen Fähigkeiten in Sachen Autoreparatur, mit denen er jedes Jahr satt Geld sparen könnte, wenn er nicht mit seiner angestammten Arbeit deutlich mehr als die DM 108,94 inklusive Mehrwertsteuer verdienen würde, die die Werkstattstunde dieser Tage kostet. Der größte Eingriff, der ihm je vor Zeugen gelungen ist, war ein Reifenwechsel (unter Anleitung seiner Freundin).
Wenn jedoch schorfige Finger das Lenkrad umschließen, die auch nach einer geschlagenen Videofilmlänge in der Badewanne und trotz mehrfachen Einsatzes von Grüner Tante plus Wurzelbürste nicht diesen tiefsitzenden Trauerrand verlieren wollen, so haben wir es mit einem echten Selbstbastler

zu tun, der jede freie Stunde in den Eingeweiden seiner großen Liebe herumfummelt.

Der Selbstbastler hat sich dem Sternen-Himmel verschrieben und die Konsequenzen gezogen: Topwerkzeug, nie wieder Urlaub, Scheidung. Er ist von einem großen, nie endenden und immer gleichen Traum besessen, den man in Fachkreisen »Aufbauen« nennt. »Den baue ich mir auf« beschreibt den guten Vorsatz, aus drei bis vier schrottreifen und von entfernten Kumpels vage für jeweils wenige Hunderter versprochenen Müllhaufen gleicher oder ähnlicher Bauart wie der Müllhaufen, der die eigens dafür angemietete teure Garage bereits seit wenigstens einem halben Jahr blockiert, einen neuen Oldie zusammenzuschustern, der beim ersten Anlauf durch den TÜV kommt.

Veranschlagter Aufwand: ca. 1.200,- Mark und sieben bis acht Wochenenden. Nach 7.000,- und einem Dreivierteljahr glaubt der Selbstbastler, er habe nun schon 3.000,- und 10 Wochenenden investiert, »wer hätte aber auch damit gerechnet, daß das Getriebe und die Vorderachse...«, und nun kommt es auf das bißchen restlicher Arbeit auch nicht an. Weitere 1.200,- und sieben bis acht Wochenenden (allerdings von der verschärften Form ohne Schlaf) später nimmt der Wagen die TÜV-Hürde mit Glück und Mitleid seitens der Ingenieure im nur vierten Anlauf. Und muß immer noch lackiert werden.

Klingt das ganz so, als würden Sie, wenn Sie denn das Geschick, das Geld, die Werkstatt, die wenigstens drei Stellplätze für Wracks, die Scheune für Ausschlachtteile, die Grube und die notwendige Zeit zum Selbstbasteln hätten, schon spätestens nach der Hälfte das Handtuch werfen? Sie würden sich in guter Gesellschaft befinden. 98,4 % der Selbstbastler werden niemals auch nur halbfertig mit ihrem Traummercedes. Sie wenden sich lieber dem nächsten Modell zu, bei dem sie dieselben Fehler nicht wieder machen werden – dafür aber doppelt soviele andere.

Man sollte auf jegliche Kritik an Selbstbastlern verzichten und sogar ihre endlosen Vorträge über die Blechqualität verschiedener Modelljahre klaglos ertragen, weil man es sich mit ihnen nicht verderben darf! Wer die Hilfe befreundeter Selbstbastler in Anspruch nehmen will (oder muß, weil er es doch nicht so dicke hat wie man es als Mercedesfahrer haben sollte), sollte außer stoischer Geduld auch einen zuverlässigen japanischen Ersatzwagen besitzen, mit dem er jeden zweiten Tag beim Selbstbastler aufkreuzt, um sich zu erkundigen, wie die Arbeit voran geht, und ihm seine Dosis Hasch oder Bier vorbeizubringen. Wenigstens zwei Monate lang (bei leichteren Schäden).

DER ECHTE OLDIEFAN

Er ist der Zeit nicht entwachsen, als man mit endloser Begeisterung Autoquartett spielte – 600er Pullman schlägt alles, Fußballbilder tauschte und Corgy Toys sammelte. Für ihn kommen nur die Traumautos seiner Jugend in Frage. Von seinem 190 SL existieren noch 1370 Stück, und nur 731 davon fahren tatsächlich herum. Zivilisierter und teurer Individualismus fällt allgemein angenehm auf. Plötzlich sind wir so eine Art Alfred Biolek: Passanten drehen sich um. An der Ampel werden wir angelächelt. Beim Parken sprechen uns Fußgänger an und wollen mit uns plaudern.
Mercedes-Oldies sind so wunderbar unvernünftig und damit der ideale Ausgleich für die Art, wie die Unsummen erwirtschaftet werden, die die fixe Idee von der Unsterblichkeit des Bleches verschlingt. Wir sind der liebenswerte Spinner mit Geld und Erfolg: das kommt selbst bei den wählerischsten Frauen an. Wir lassen sie unsere elitären Motorsportler-Schwielen spüren (unser klassischer Roadster ist kaum gefedert), streifen die Huschke-von-Hanstein-mäßigen Handschuhe über, sie bekommt ein Kopftuch, und schon fahren wir als Traumpaar auf und ab. Alle sind neidisch. Aber nur, weil keiner von ihnen je in einem so unbequemen alten Auto sitzen mußte.

Suspekte Typen

UNTERWELTLER

Den Unterweltler verzehrt der innere Konflikt zwischen auffälliger Protzerei und beruflich notwendiger Tarnung. Im Kern ist er ein bürgerlicher kleiner Junge aus der Gosse, der anerkannt werden will. Also entscheidet er sich fürs Auffällige und verbringt deshalb viel Zeit hinter Gittern.
Er legt sich meist einen älteren SEL mit größtem Motor zu, der gern weniger als ein Jahr TÜV haben darf. Denn innerhalb des nächsten Jahres wird er sicherlich wieder in den Bau wandern, wo ihm der Daimler höchstens für seine Heldensagen nützt. Er findet es schon schlimm genug, daß sein bester Freund in dieser Zeit seine Freundin übernehmen wird. Soll wenigstens der Wagen auf den Schrott!
Damit wir uns nicht mißverstehen: Wir reden hier von Privatwagen, die höchstens noch für unterweltsinterne Inkassoaktionen eingesetzt werden.

Zum Bruch fährt man in gedeckten Farben vor, eigentlich nicht im eigenen, sondern bevorzugt im Leihwagen, wie er nachts immer wieder an den Straßenrändern zu finden ist und sich mit wenig Fingerfertigkeit kurzschließen läßt, wenn man den Schlüssel vergessen hat. Es werden auch auf diesem

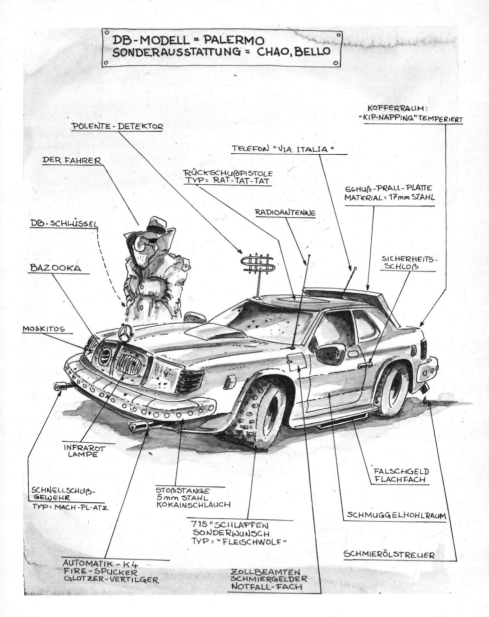

Einsatzgebiet schnelle und zuverlässige Fahrzeuge bevorzugt, aber eben nicht zu auffällig. Mit Audi 100 (der klassische Terroristenwagen) macht das Fliehen Spaß, BMW ist auch nicht schlecht.

Alte dunkelblaue 280er, die wegen Kofferraumüberladung hinten in die Knie gehen, werden nachts in Wohngebieten von Zivis gern angehalten. Der Unterweltler versteht nicht, warum.

ZUHÄLTER

Viele Luden bevorzugen satt röhrende Ami-Schlitten: Nur die Corvette weist eindeutig genug auf die wichtigsten körperlichen Eigenschaften ihres Herrchens hin. Nur der Querfeldein-Ami mit Traktor-Reifen erlaubt es, etliche Kilo verchromter Auspuffrohre offen um den Wagen herum zu verlegen. Der Original-Mercedes kann da nicht mit. Ein Glück, daß es AMG gibt: breiter, flacher, länger, geschmackloser! Man fährt Coupés wegen der unendlich wuchtigen Tür. Die Reifen sind erst dann zu breit, wenn sie sich in der Mitte unterm Fahrzeug zu berühren drohen. Der Zuhälter liebt aufdringlich changierende Effektlacke, Perlmutt oder Glitter. Autotelefon fehlt, nicht aber die zweite Antenne, die genauso aussieht wie wichtig.

Seine Leidenschaft für wirklich individuelle Spezialanfertigungen ist nicht schon dadurch befriedigt, daß seine Freundin blondierte Schamhaare und Intimschmuck unter ihrem schrittoffenen Nappa-Tanga trägt. Seine Augen beginnen erst richtig zu leuchten, wenn ihm einer Spezialsicherheitsgurte im Fond seines 500er Coupé eingebaut hat, genau passend für seine drei Pitbullterrier.

Echte Klasse offenbart sich in den versteckten Spezialitäten: ein kleiner Hohlraum zur unvermeidlichen Pulverbeföderung, der auch noch Platz für einen kleinen Spiegel und eine seitlich in Massiv-Gold eingefaßte Rasierklinge bietet. Dazu der diskrete »Schacht« in der Nähe der Automatik, falls man sich in einem Anfall von Paranoia und Überdosis doch lieber von irgendwelchen belastenden Kleinigkeiten trennen will, weil zum Beispiel Blaulicht im Rückspiegel auftaucht oder Zivis ihre Kelle im Fahrtwind kühlen.

Im Innern des Mercedes darf man den Motor gar nicht hören. Den Mitmenschen draußen jedoch möchte man – Eigentum verpflichtet – den Klang des Kraftpaketes nicht vorenthalten. Quietschende Reifen gelten sowieso als selbstverständlich, aber auch ein absichtlich »defekter« Auspuff hilft sehr mit, daß man nicht überhört werden kann. An der Anlage wollen wir keinesfalls sparen. Die Top-Ten der Dance-Charts müssen bei geöffnetem Fenster auch noch in der Parallelstraße zu vernehmen sein (und zwar sowohl nachmittags als auch morgens um drei).

Jahrelang hat man in Zuhälterkreisen nicht verstanden, wieso am Lack der Türen dauernd Kratzer auftraten. Nur im Sommer und nur auf der Fahrerseite. Heute nimmt man Rolex, Goldarmband mit Namensgravur und Ringesammlung ab, wenn man den linken Arm lässig aus dem Fenster baumeln lassen und mit den Fingern den stampfenden Rhythmus aus dem Auto-CD-Wechsler mittrommeln will.

Ein echter Zuhälter fährt übrigens auch bei bedecktem Wetter und nachts mit Sonnenbrille auf der Nase (»Wings«, »Aviator Glasses« oder »Porsche Design«).

FUSSBALLER

Die einzigen, die in Interviews die unfreiwillige Komik des Kanzlers übertreffen. Bundesliga-Profis sind an der Grenze ihrer Zurechnungsfähigkeit angelangt, wenn sie schwierige philosophische Kernsätze vom Zuschnitt »der Ball ist rund« auswendig lernen und begreifen sollen. Lange Zeit gab es für diese instinkt-betonten Muskelpakete keinen angemessenen Original-Mercedes. Dann kam der 190 E 2.3 – 16 raus: rocky-mäßig.

JÄGER

Wer eine Jagd hat, hat auch einen Daimler. Damit das Blutbad im Kofferraum nicht den empfindlichen Nadelfilz versaut, läßt sich der Waidmann die Original-Mercedes »Kofferraum-Wanne« installieren. Jäger sind besonders anfällig für Extras wie Standheizung, automatisches Sperrdifferential, Seilwinde, beheizbare Sitze etc., weil sie sich bei ihren endlosen Aufenthalten auf zugigen Hochsitzen aus Langeweile ausmalen, in welche Situationen man kommen könnte. Für einen G als Zweitwagen reicht es meist nicht.

ZIGEUNER

Wenn wir einen Metallic-Mercedes SEL sehen, dessen Inneres mit allerlei Fransen, Bordüren, Flokati und sämtlichen sonstigen Produkten verziert ist, die die Kitschforschung hervorgebracht hat, so wird es das Zugpferd des Zigeunerbarons sein. Meist sitzt eine große Plastikpuppe mit wallendem Haar und einem schier endlos fallenden Rüschenkleid im Flamencostil zwischen den überdimensionierten Speakern auf der Hutablage. Aufgeregt klimpern ihre riesigen Kulleraugen während der Fahrt.

Unter Mercedesbesitzern kleinerer als der Zigeunermodelle kursieren allerlei zigeunerfeindliche Gerüchte über die Herkunft der Gelder für Auto und Riesenwohnwagen (bitte alles in bonbonfarbenem Plüsch und Kunststoffsamt). Auf ehrliche Weise jedenfalls kann es nicht zu soviel Wohlstand gekommen sein. Wie auch? Jammergeige im Heurigenlokal? Doch wohl eher DDR-Teppich, verkauft als echt alt aus Persien oder geklaute Madonnen aus süddeutschen Kirchen. Der arische Mercedesfahrer glaubt fest an seine fortschrittlich-liberale Gesinnung, wenn er diagnostiziert, daß es wohl Sozialhilfe und irgendeine Ausschüttung wegen Hitler und KZ sein müsse.

Sinti und Roma sind abonniert auf Daimler-Benz. Einen schöneren Qualitätsbeweis kann sich Mercedes eigentlich gar nicht wünschen. Das »fahrende Volk« darf ja wohl in Fahr-Dingen als die professionelle, endgültige und amtliche Instanz gelten. Aber Mercedes-Benz will nichts davon wissen.

POLITIKER

Sie lassen sich im Benz mit Leselampe fahren und gehen nur mit Leibwächtern aufs Klo. Wenn sie wichtiger sind als Günther Verheugen, hat man sich mit der Panzerung des Autos richtige Mühe gegeben (eine Welt ohne Verheugen ist vorstellbar). Wenn sie auf Feldwegen mit 130 km/h Richtgeschwindigkeit und 1,99 Promille einen Fiat 500 überrollen, halten sie nicht an, weil alle Insassen ganz bestimmt und sowieso tot sind und man im Landtag dringender gebraucht wird. Politikerkarossen müssen immer rasen. Nur so steigt die Chance, daß Terroristen danebenschießen. Der ideale Politikermercedes fährt schneller als die RAF-Kugel fliegt[14].

---

[14] **Sonderausstattung »Sicherheitsschutz«:** 1938 ließ sich der Führer als erster Kunde von Mercedes einen gepanzerten »Typ 770« zusammenpfuschen. Doch bis heute sind die Dinger zum Aufpreis von 150.000,- bis 400.000,- nicht kugelsicher: 1985 wurde der 380 SE des deutschen Botschafters im Libanon beschossen. Der Fahrer gibt Vollgas. 20 aus Maschinengewehren abgefeuerte Kugeln dringen in den Wagen ein, der Fahrer stirbt im Krankenhaus. Von Mercedes geht kein Beileid an die Witwe, auch die humanitären Zahlungen, wie ein Gericht sie vorgeschlagen hatte, unterbleiben.
Die jährlich ca. 200 Umrüstungen mit Armierungen aus Keramik, dem Wunderplastik Kevlar und 44 mm dicken Panzerglas-Scheiben werden von den Auto-Herstellern und rund einem Dutzend Spezialfirmen durchgeführt. Man liefert nur an prominente Kunden, damit der Feind die Karosse nicht in die Finger kriegt. AMG beruhigt uns mit einem »Beschußgutachten« des »Beschußamtes Ulm«.

GANZ GROSSE TIERE

Nur wenige Mercedesse leisten sich das schöne Extra des Standers, jenes seitlich in einer Chromplatte verankerte, steife Fähnchen. Dabei kann einem dieser von-Weizsäcker-Appeal einiges nützen, besonders, wenn man selbst steif ist und ein Fähnchen hat.

BMW-UMSTEIGER

Reifenqualm an der Ampel, Powersliding durch gekonnt hochgerissene Handbremse in vereisten Kurven mit Gasgeben, Zentrifugalkraft, Mach 2:!: das ist die Welt des BMW-Tarzans, der solange vorlaut die feste Überzeugung äußert, daß er lieber eine Schlange im Auto hat als mit seinem BMW in der Schlange zu stehen, bis ihm einer mal eine lebensgefährliche Blindschleiche in die Fahrgastzelle legt.
Der BMW-Fahrer muß sich erstmal gehörig die Hörner abstoßen, bevor er zur noblen Mercedesgemeinde vorgelassen wird. Mercedes baut keine Motorräder! Hemdsärmeligkeit, abgekaute Fingernägel und dicke Geldbündel in der Tasche sehen wir nicht so gern. »Einmal HB. Sie können doch bestimmt auf 'nen Tausender rausgeben?« Unmöglich. Die wahre Kultur ist auf unserer Seite. Wir tragen Krawatte und ziehen das Jackett wieder an, wenn der Chef die Sauna betritt.

DER ENGAGIERTE NICHT-MERCEDESFAHRER

Schuster, die bei ihren Leisten bleiben, sind mit der Karriere des Mister Minit fast verschwunden. Schuster fräsen heute Ersatzschlüssel für unseren Mercedes. Auch der Prokurist ist beinahe ausgestorben, der sich, inzwischen in hochdotierter Pension, den 200 und mehr spielend leisten könnte. Aber ein Prokurist – einmal Prokurist, immer Prokurist – fährt höchstens im Mercedes mit – nachdem er sich lange geziert hat, die Einladung des Chefs anzunehmen. Er selbst bleibt auch nach einer Millionenerbschaft bei Audi. Dabei wäre er der Archetyp eines Mercedesfahrers in all seiner nur denkbaren Konservativität. Dennoch: Mercedes, das sind die da oben. Das hat er nicht verdient. So soll es bleiben.
Wahrscheinlich bekommen solche Typen insgeheim von Mercedes eine Prämie aus dem Dinosaurier-Fonds. Einfach nur so, aus Sympathie. Sie sind

die Kulturträger, denen Mercedes einen Gutteil seiner Ausstrahlung verdankt. Sie sind die, die dafür sorgen, daß das Gerücht nicht ausstirbt, Mercedes sei etwas ganz, ganz besonderes.

PROMINENTE

Alle Prominenten fahren sowieso Mercedes: Schlagersänger, Politiker, Industriebosse, Adlige, Jet-Setter, Kulturschaffende und Profisportler[15]. Es wäre also wesentlich interessanter zu überlegen, wer **nicht** Mercedes fahren sollte, weil das den Ruf des Hauses schädigt. Da aber jeder, der berühmt ist, auch irgendwie geliebt und bewundert wird, hält es – leider – niemanden vom Mercedeskauf ab, daß Wim Thoelke und Marielle Mathieu auch schon einen haben.
Deshalb hat sich Mercedes noch nie lumpen lassen, wenn »Meinungsführer« einen Wagen brauchten. Unserm Boris schenkt die Firma einen 190 E und einen 300 E zum 18. Adolf durfte sich auch regelmäßig einen aussuchen. Daß Chefarzt Wussow in der Schwarzwaldklinik einen Audi fährt, lag am höheren Gebot aus Ingolstadt. Die haben sich inzwischen sogar bei Dallas, der teuer gemieteten Daimler- und Porsche-Domäne eingekauft. Eine Randfigur wird eigens eingeführt, um Audi zu fahren.

PROMINENTE, DIE MERCEDES FAHREN SOLLTEN

1) Clark Kent.
2) Hans-Jochen Vogel! Er weigert sich, im Dienst-BMW des Parteivorsitzenden zur Fraktionssitzung zu fahren. Da muß der Dienst-BMW des Fraktionsvorsitzenden her. Hans-Jochen, das letzte deutsche Vorbild. Steig um! Bitte!

---

[15] Siehe auch unter »Geschmacksrichtungen«

MERCEDESFAHRER PRIVAT

UNTER SICH

Unter sich sind bekanntlich alle Männer am schlimmsten. Wenn Männer über ihre Mercedesse reden, wird es für einen halbwegs normalen Menschen höchste Zeit zu gehen.
Mercedesfahrer unter sich tauschen befremdliche Wir-und-der-Rest-Geschichten von diesen Blechhaufen mit Nummernschild aus, die erstaunlicherweise auch auf unseren Straßen herumfahren dürfen – wenn man dazu überhaupt fahren sagen kann.
Selten zeigt der feine Nobelmarken-Besitzer soviel herzlichen Humor wie bei den Witzen über die Fahrer der Auto-Kopien von Alfa bis VW. Eindeutige Begriffe wie Einspritzer, Früh- oder Fehlzündung, Vorglühen, Stößel, Stoßstange und Stoßdämpfer regen seine Phantasie besonders an. Spaß muß sein, sowieso, und das hat mit Gesinnung gar nichts zu tun. »Warum hat Adolf nur bescheidene sechs Millionen Juden geschafft?« »Weil es damals noch keine Doppelvergaser gab!«[16]

DER WAGEN, UNSER WAGEN, DEIN WAGEN?

Der Mercedes wird durchgängig als »der Wagen« bezeichnet, selbst wenn die zweistöckige Duplex-Garage im Garten nicht ausreicht, um die gesamte Autoflotte der Familie unterzubringen. Muttis Bambino ist eben der Bambino und der GTI von Rolf der Golf (sehr zum Ärger des Sohnes, für den sein GTI der GTI ist!).
Wenn Juniors GTI mal wieder in Reparatur ist, wird »der« Wagen allerdings aus doppelter Notwendigkeit für einige Tage zu »kann ich mal **deinen** Wagen haben, Vati«: weil er gerade heute abend unaufschiebar und super-

---

[16] Nicht nur geschmacklos, sondern gar falsch! Den Doppelvergaser gab es schon 1918 bei Mercedes.

unbedingt ..., und damit Vati nächste Woche die Unterschrift auf dem Überweisungsvordruck des VAG-Partners leichter von der Hand geht.
Wer von seinem Mercedes als »unser Mercedes« spricht, gehört noch nicht lange dazu. Für den wirklichen Mercedesfahrer ist der Mercedes so vollkommen fraglos das einzige Kfz, das man als Auto bezeichnen kann, und sein Besitz so selbstverständlich, daß man auf das besitzanzeigende Fürwort und die Markennennung verzichten muß. Emporkömmlinge aufgepaßt: es heißt »**der Wagen**«!

SEX

Vorspielexperten fahren einen alten **Volvo**, weil er behäbig, ohne Eile, aber mit Kultur in Gang kommt. **Citroën**-Liebhaber paaren sich gern mit Rock hoch in der Küche, viel französisch und möglichst bei Kerzenschein. Konservative Benutzer von **Honda**, **Mazda** und **Mitsubishi** treiben es im Dunklen und möglichst schnell (so wie in Japan üblich). Aufgeschlossenere Japaner schieben in der festen Gewißheit die solide Normal-Nummer, daß ihnen gerade etwas Aufregendes gelungen ist. Die Sex-Experten der **Bayrischen Motorenwerke**, die dauer-brünstigen Vermehrungssportler mit Kör-Schein, vergessen nie zu fragen, wie sie waren. Der **GTI**-Fahrer trägt die Sache mit dem Sex lieber mit sich, seinem Spoiler-Mobil und dem Straßenverkehr aus. Für daheim nimmt er sich vor, diesmal reichlich videomäßigen Stellungswechsel zu bringen, kommt aber zu früh und will gleich schlafen.
So leicht macht es sich der Mercedesfahrer mit seiner Sexualität nicht. Die solide Zuverlässigkeit seines Autos als Vorbild zählt er zu den Liebhabern der Sonderklasse (= S. E steht für exzellent und L sowieso für lang).
Er ist der perfekte Liebhaber. Einziges Handikap: ihm fehlt die angemessene Partnerin. Wie soll man da zu wirklicher Höchstform auflaufen? Aber in dieser Beziehung ist er eigen. Wenn schon, dann vernünftig, sonst kann man es gleich bleiben lassen. Also heben wir »es« auf. Für später. Frauen lieben das. Nichts ist schlimmer für eine Frau von Kultur, als ein Mann, der ständig will, wie das in primitiven Kreisen ja üblich sein soll. Der Mercedes-Mann weiß um seine 241 PS unter der Haube, aber er fährt sie eigentlich nie aus. Ihm reicht das »Wertgefühl«.
Die klassische Auto-Paarung findet vorwiegend in billigen Gebrauchtwagen statt, Mercedessitze sind zu wertvoll. Die nachfedernde Auf-der-Haube-Nummer, zu der besonders der SL einladen würde, unterbleibt wegen der Gefahr der Verschrammung des Lacks.

MERCEDES UND AUFREISSEN

Er steht mit Verdeck runter an der roten Ampel. Das Mädchen, das letzten Monat im Playboy als ihren Traummann so circa genau ihn beschrieben hat, lächelt ihn an und steigt wortlos in seinen Wagen. ». . . und wo wollen Sie hin?« »Hauptsache irgendwohin, zum Beispiel dahin, wo Sie gerade sowieso hinwollen, das wäre dann kein Umweg.« In amerikanischen Filmen passiert das dauernd. Münchens Mädchen benutzen immer den Zebrastreifen. Dabei hat er ihnen genügend Chancen gegeben! Dies ist jetzt schon die 34. Runde um den Block in der belebten City mit den jeweils vier grundsätzlich und lange roten Ampeln. Sein Mercedes kommt bei Frauen an. Aber leider niemals bei denen, die das flüchtige Abenteuer suchen. Frauen, die sich von der Solidität seines Ausnahme-Automobils und der Atmosphäre der Geborgenheit im eleganten Ambiente ohne Effekte beeindrucken lassen, wollen auch die sprichwörtlich exklusive Betreuung und solide Dauerfestigkeit, bevor sie mit einem ins Bett gehen. Sowas hat der Mercedesfahrer entweder längst zuhaus, oder er kann sich das volle Programm aus Zeitmangel nicht reintun: all das Tennis, Essengehen, Kerzenschein, Austausch der Lebensgeschichte, tiefenpsychologische Dauerstudien und das übliche Zeug. Warum steigt keine an der Ampel ein – wenigstens eine Zweitklassige?

DER MERCEDES ALS DARSTELLER

Ein Mercedes muß überdurchschnittlich oft posieren. Beim Familienfoto bleibt er nicht etwa Dekoration für das Familienfoto, das man sowieso geschossen hätte. Die Familie wird als Dekoration für den Mercedes herbeigeschafft, weil ein Mercedes allein auf dem Bild doch etwas nackt wirken würde. Am liebsten ist es Vati, wenn auch das Haus noch drauf ist. Bei der Qualität der heutigen Filmmaterialien kann man mit der Lupe sogar erkennen, welche Menschen auf dem Foto abgelichtet sind. Gnade uns Gott, wenn Vati zur Videokamera greift!
Welchen Stellenwert der Aufenthalt in einem Mercedes wirklich besitzt, wird bei der statistischen Auswertung von Hochzeitsfotos offensichtlich. Kann man sich ein Brautpaar an diesem zweit- oder drittschönsten Tag seines Lebens in einem anderen Wagen vorstellen? Kein richtiges Brautpaar fährt mit Schleppe und Zylinder im Golf umher. Wir lernen: Mercedesbesit-

zen und in der Folge das unvermeidliche, häufige Mercedesfahren ist ein ins Unermeßliche verlängerter Hochzeitstag und somit sehr romantisch.
Nun zu der Frage, warum der Hochzeitstag trotz Mercedesfahren nur der zweit- oder drittschönste Tag im Leben ist. Ganz einfach: weil es noch schönere Tage gibt: Der Tag, an dem man das erste Mal geheiratet hat (außer, wenn es wegen Schwangerschaft war). Der Tag der Scheidung (besonders, wenn man zu weniger Alimenten als erwartet verknackt wurde). Der Tag, an dem man den neuen Mercedes direkt in Untertürkheim abgeholt hat. Der Tag, an dem Tante Hilde starb (von ihrer Hinterlassenschaft haben wir den Wagen finanziert).
Als Darsteller in professionellen Filmen geht ein Mercedes nie kaputt und wird auch nicht zum Begehen von gewalttätigen Straftaten benutzt. Dafür muß das Haus teuer zahlen.

SHOPPING

Was ein Mercedesfahrer kauft, muß unbegrenzt haltbar, deutlich überteuert und extrem solide sein. Nichts Modisches, sonders wertbeständige, exklusive Klassiker will unser Wenn-schon-denn-schon.
Der Mercedesfahrer kalkuliert scharf. Ein Paar eiskalt reduzierter Bally-Schuhe darf 430,- im Winterschlußverkauf kosten, was zählt sind die tatsächlichen Kosten pro gelaufenem Kilometer. Die letzten haben 15 Jahre gehalten und sehen immer noch passabel aus.
Der Mercedesfahrer wird mißtrauisch bei Waren ohne namhaftes Hersteller-Etikett oder 5-jährige Werks-Garantie. Er würde am liebsten auch Joghurtbecher nur mit Seriennummer kaufen. Wenn seine Frau ausruft: »Das ist aber zu teuer!«, weiß er, daß er es braucht. Er liebt limitierte Auflagen und Geschichten von dem Einzelstück, das der Ladenbesitzer aus Leidenschaft geordert hatte und bisher nicht verkaufen konnte, weil in der ganzen Stadt niemand mit genügend Geschmack lebt.

SAMMEL-FIMMEL

Der Mercedesfahrer sammelt wenig. Vielleicht Ölschinken, Antiquitäten, Meißener Porzellan oder Jugendstil für die Kultur usw. Eventuell so einen knallbunten Warhol-Siebdruck nach Fotovorlage, 300 SL mit ein bißchen leuchtenden Wachsmalkreiden: »modern, aber wär mal was anderes. Wir bräuchten dann passende Vorhänge im Flur.« Jedenfalls verfügt er über keine vorwerfbaren Sammelleidenschaften. Briefmarken und Bierdeckel werden eher von Opel und Ford angehäuft, alles, was mit Pferden zusammenhängt, stellt sich die Krankenschwester (früher Käfer, jetzt Civic) ins Preßspanregal. Getragene Unterwäsche hortet der BMW-Fahrer. Nein, ein wirklich peinlicher Sammler ist er nicht, unser Mercedes, er sammelt nur große Scheine und Aktien.

ANHALTER

Seine edelste Form findet das Gottesgnadentum in der Mitnahme von Anhaltern. Schon beim Betätigen des elektrischen Fensterhebers an der Beifahrerseite kommt dieselbe Freude auf, die Dr. Kohl regelmäßig im Gesicht steht, wenn er sagen darf: »Herr Präsident, ich nehme die Wahl an.« Wo's denn hingehen soll. »Na, dann steigen Sie mal ein. Sie müssen nämlich wissen, daß ich eigentlich keine Anhalter mitnehme.« Es folgen die üblichen Schmonzetten: ob es denn nicht zu gefährlich sei, gerade so als Mädchen.

„Sie werden sicher gedacht haben, das wird wieder so einer sein, der sich da im dicken Wagen breitmacht und herabläßt, um ein paar schlüpfrige Geschichten loszuwerden. Aber ich will Ihnen mal was sagen: Lassen Sie sich von meinem Aufzug nicht fehlleiten. Diese grauen Klamotten gehören eben zum Job. Wie dieser Wagen. Sie können sich gar nicht vorstellen, mit wievielen Vorurteilen man da zu kämpfen hat. Früher bin ich auch durch die Gegend getrampt. Paris, Amsterdam und so. Soll ja auch nicht mehr sein, was es mal war.« Und ewig geht's so weiter.

Neben dem Mercedesfahrer sitzt sein Alter ego, ein Botschafter einer befremdlich freien Welt ohne Reservehemden, Deos und Bügelfalten, der jede Sülze über sich ergehen läßt, solange die Tachonadel rechts von 140 zuckt. Er nimmt dem Karrieresünder geduldig die Beichte ab und spricht mit seinem Gönner so, wie er sonst nur mit Besoffenen sprechen würde: ohne jenes Zuviel an eigener Meinung, das den kleinen Extra-Umweg und die Einladung zu Kaffee und Knackwurst (»Haben Sie heute überhaupt schon was gegessen?«) gewiß verpatzen würde.

Wenn der Anhalter ausgestiegen ist, werden alle vier Fensterheber nach unten dirigiert, Lüftung. Die Kippe einer Selbstgedrehten im Ascher erinnert an die eigene Vergangenheit. Wenn man nochmal 20 wäre . . ., nein besser doch nicht. Aber heiraten würde ich ganz sicher nicht nochmal. Jedenfalls nicht so früh. Und nicht Ingrid.

JUNKIES UND DROGEN-KARRIERE

Die klassische Karriere von der soften Einstiegsdroge hin zu den harten Sachen, von denen man dann nicht mehr loskommt, vollzieht sich auch bei Mercedes unvermeidlich. Je purer der Stoff, desto verheerender seine Wirkung.

Man kann von Mercedes nur loskommen, wenn schon die erste Dosis aus schlechtem Stoff besteht: vergammelter 200 ohne Buchstaben, TÜV demnächst fällig, aber doppelt so teuer wie erwartet. Wer sich aber einmal eine kernige Dosis unverschnittenen Mercedes reingezogen hat, höchstens vier Jahre alt, gleichmäßige Farbe, erste Hand, für den gibt es kaum ein Zurück. Jede Entziehungskur wird hart und schmerzhaft (Gerichtsvollzieher und Inkassofirmen setzen auf radikalen Entzug statt schrittweiser Entwöhnung. Methadonmäßige Surrogate sprechen nur bei wenigen Patienten an).

Bitte glauben Sie niemandem, daß er nicht immer mehr Mercedes braucht. Wie Kokainisten, die sich alle sicher sind, vorbildlich mit der Verführung umgehen und problemlos morgen voll aufhören zu können, bildet sich auch jeder kleine Mercedesbesitzer ein, nicht höher hinaus zu wollen. Er hat ja schon alles. Aber falsch. Wenn er erbt, rennt er sofort zum Dealer, zieht sich ein paar zusätzliche Kubikzentimeter Hubraum auf und wird Einspritzer.

VOM MERCEDES TRÄUMEN

Wer noch keinen besitzt, träumt vom seinem Mercedes. Er sieht sich im übergroßen, über und über mit Chrom behangenen SE voller Extras durch die unendlichen Weiten des Universums gleiten. Wer seinen Traummercedes vor dem Hause parken hat (Garage wäre tagsüber Verschwendung, niemand könnte den Wagen sehen!), träumt immer noch Mercedesträume. Diesmal spielen allerdings die sadistischen Folterknechte der Kreditabteilung, dynamische Zinseszinsen, Steuernachforderungen und ein Mikroskop die Hauptrollen, unter dem der gesamte Lack zerkratzt aussieht.

AN FREUNDE VERLEIHEN

Hier können wir es kurz machen. Den Mercedes leiht man nicht an Freunde aus. Erstens weil man keinen Mercedes verleiht. Zweitens weil man keine Freunde hat.[17]

---

[17] Ich soll nicht immer so pessimistisch sein, sagt mir mein Lenor-Gewissen. Na schön, für all die Romantiker, die noch an das Gute glauben: »weil der Mercedesfahrer keine Freunde hat, die nicht selbst einen Mercedes haben.«

EXTREM WICHTIGE KLEINIGKEITEN

DIE TYPENSCHILD-GEWISSENSFRAGE

Ein Typenschild ist sehr praktisch. »D« bedeutet, daß der Wagen keinesfalls mit Benzin oder Super befüllt werden sollte (Fehlbetankungen aufgrund des »D« zur Kennzeichnung der Nationalität sind in den letzten Jahren etwas seltener geworden).

Typenschild abmontieren?
Reiche Geschäftsleute **müssen** das Typenschild abmontieren. Sie können nicht anders. In der Fachwelt wurde das vielfach als Schamgefühl fehlinterpretiert. Der Grund liegt woanders: Sie sind besessen von der fixen Idee, alle Indizien für ihr wirkliches Einkommen zu vernichten. Nacht für Nacht träumen sie immer gleiche Alpträume von Neidsteuer und den Fahndern des Finanzamtes.

Ohne Typenschild
Kein Schild = das dicke Geld? Vorsicht, hier haben wir die schlimmsten Protzisten vor uns! Sie zelebrieren ihren Mercedes als großes Mysterium und Rätsel, ohne daß man ihnen die niederen Intentionen je nachweisen könnte. Natürlich hoffen sie, daß man den Wagen für größer und teurer hält als er war und sie für wichtiger als sie sind! Vergessen wir nicht, daß der Unterschied zwischen dem kleinsten und dem größten neuen SEL nur im Typenschild sichtbar wird, aber gut 60.000,- Mark beträgt![18]
Nichts genießen diese Patienten mehr als die neugierige und naseweise Frage: »Und was ist das für einer?« Sie werden pikiert tun und nur äußerst nebulös mit einem vorwurfsvollen, kleinen philosophischen Exkurs über das Materielle in unserer Welt schlechthin antworten, der in der Feststellung gipfelt: »Ich fahre meinen Mercedes, weil mir das Auto gefällt. Ich fahre ihn für mich selbst, nicht für andere. Daher finde ich diese Frage ...«, und so weiter, bla bla bla.

---

[18] Wohl deshalb werden 29,7% der Mercedes-Modelle in Deutschland gleich ohne Typenschild bestellt.

Hochstapelndes Typenschild

Ein falsches Typenschild mit zu hohem Wert ist eine schöne und vor allem preisgünstige Lösung, die selten auffliegt. Aber jedes Toupet verrutscht mal. Sollten wir an einen Spezialisten geraten, der die geheime Werkssprache der Chromleisten und Kühlergrillformen perfekt entziffern kann, setzen wir uns ärgstem Spott aus. Besonders der Gang in die Werkstatt wird so peinlich werden, daß man das Typenschild vorher besser abschaben oder sich mehrere Typenschilder zum fliegenden Wechsel (ideal: Magnethalterung) zulegen sollte.

Wird der intelligente Hochstapler erwischt, so behauptet er, er wolle durch diese Flunkerei seine Mitmenschen sensibler machen für die Frage nach der Bedeutung materieller Statussymbole. »Ich provoziere absichtlich, damit ich im Gespräch dann die Frage nach dem Sinn stellen kann.« Sehr gut, setzen!

Was denn nun?

Dranlassen? Abmontieren? Was tun? Wie man's macht, scheint's falsch zu sein.

Im Moment kann die Forschung nur zwei Antworten auf die Frage nach dem **idealen Mercedes-Typenschild** anbieten. Die eine ist die Verwendung eines untertreibenden Emblems. Das schindet enormen Eindruck bei denen, die es besser wissen. Leider fällt nur sehr wenigen Eingeweihten ein tiefstapelndes Typenschild auf. Selbst bei der sehr offensichtlichen Fehlbeschilderung eines Benziners als Diesel (niemals umgekehrt!) muß man der gewünschten Aufdeckung meistens diskret nachhelfen.

Aber das Timing der Offenbarung muß perfekt stimmen! Natürlich darf man seine Mitmenschen keinesfalls zu plump und zu schnell ins Vertrauen ziehen. Etwas Geduld, und schon bietet sich die ideale Gelegenheit zur Enthüllung. Man hat nun ein gemeinsames Geheimnis und kann sich, wie immer bei Geheimnissen, totsicher sein, daß der andere es sofort brühwarm herumerzählen wird. Understatement kommt immer gut an, gerade bei zu Neid und Mißgunst neigenden Versagern. Man wird uns auch künftig beim Tapezieren helfen, obwohl wir jetzt Daimler fahren und die Nase hoch tragen könnten.

Wer es etwas fetziger liebt, montiert sich ein völlig fremdes Typenschild an. Aber bitte nicht »preussen« oder »???«. Wenig einfallsreiche Charaktere entscheiden sich für »2CV«. Auch die kopulierenden Kaninchen, Spitzenprodukt der Golf-Forschung, wirken doch etwas zu gewollt in Richtung Stimmungskanone. Alte Mercedes-Typenschilder wie 180, 220 S (nur bei großen, brandneuen Schlitten!) oder 190 SL (am fabrikfrischen 500 SL) hingegen kommen bei Kennern sicher an.

Noch überzeugender gerät die Verwendung der Typenschilder besonders gesichtsloser Autos, die bevorzugt schon seit wenigstens sechs Jahren auf dem Markt sein sollten und gerade aus gutem Grund auszusterben beginnen: Ford Escort, Mazda 323, VW K 70 und so weiter.

Wer immer noch eins drauf setzen will, entscheidet sich für die allgemein bekannten Anti-Autos Capri, Lada, Manta, Citroën GS oder Fiat oder beschafft sich Typenschilder unbekannter LKWs oder Busse. Doch Vorsicht: Wir wollen auf keinen Fall die »320 PS« der Sattelschlepper oder einen zusätzlichen Riesenstern aufkleben und auch weder Rolls Royce, noch Ferrari oder ähnliches auf dem Kofferraumdeckel sehen. Das wäre albern, sonst nichts.

DER STERN-KULT

Der Sternfahrer fängt als Sternklauer an. Die Einstiegsdroge auf dem Kühlergrill wird abgerissen, abgeknickt, abge-..., Hauptsache her damit![19] Der Typ, dem der Wagen gehört, kann es verschmerzen, denn Geld hat dieser Sack auf jeden Fall im Überfluß, wenn er nicht sogar aus dem feindlichen Lager kommt (Chef, Funktionär, Angeber etc.) und es ohnehin nicht besser verdient hat.

Gerade aus diesen skrupellosen, halbstarken Rebellen werden letztlich die treuesten Untertürkheimkunden. Sie bringen genügend kriminelle Energie mit auf den Lebensweg, um sich später die amtliche Luxuskarosse leisten zu können.

---

[19] 400 000 Sterne verschwinden auf diese Weise jährlich in der Welt.

Nun sitzt er im eigenen Benz, da beschleicht ihn dieses Gefühl. »Das ist nicht mein Auto!« Auch wenn Buchstaben und Zahlen des Kennzeichens stimmen, die Irmgard vorletzes Weihnachten auf den Kissenbezug gestickt hat. Dann, in der Kurve, wird die Ursache der tiefen Identitätskrise klar. Die Zielautomatik fehlt, das Fadenkreuz, das über die feindliche Asphalt- und Blechwelt streift. Vorbei mit Kimme und Korn, vorbei mit dem Anlegen auf Verkehrsproleten, zu langsam kreuzende Fußgänger oder, unter echten Mercedesfahrern weit verbreitet, den unerwünschten Ausländer. Vorbei, bis der Servicestützpunkt endlich einen neuen Stern (Materialwert DM 18,50) aufpflanzt hat und unsere Welt wieder heile ist. Ein Glück, daß es den Notdienst am Wochenende gibt!

Eigentlich ein schöner Service, dieser Stern in der Mitte der Optik. Bestän-

 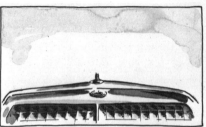

Totalschaden

dig werden wir daran erinnert, zu was wir es bereits gebracht haben. Und dies ganz ohne die sozialistische Ironie, die der britische Humor den Besitzern der Nobelmarke Jaguar antut. Der Jaguarfahrer muß ständig einer verchromten Katze auf Arsch und Schwanz starren. Von der Grazie des im Sprung begriffenen Tieres hat nur die überholte Masse was (als Entschädigung?).

Im Zeitalter der Schlüpfrigkeit ist die für den Fahrer sichtbare Anwesenheit einer massiven Nase weitgehend dem CW-Wert geopfert worden. Man kommt sich in vielen von außen betrachtet durchaus beeindruckenden Autos hinter dem Lenkrad ein bißchen so vor, als hätte man da vorne nichts oder wenigstens nicht viel. Dieses Gefühl keimt im Mercedes nicht auf. Der Stern erinnert uns immer wieder an unsere imponierenden Ausmaße, aber ohne in corvette-mäßige Peinlichkeit abzugleiten.

SL und SEC, die Oberraser, haben keinen Stern-Ständer auf der Haube, sondern stattdessen einen tellergroßen Stern auf dem Kühlergrill als Überholmelder, den man noch früher im Rückspiegel erkennen kann.

GANZ PERSÖNLICHE NUMMERNSCHILDER

Der Individualitätskult der Mercedesgemeinde verlangt nach besonderen Nummernschildern. Das Kennzeichen »M - A 1« erfordert persönliche Duzfreundschaft mindestens mit Stoiber. Weil man die nicht kaufen kann (jedenfalls nicht als Ungeübter), eignet es sich hervorragend als Statussymbol für Leute, die nicht nur mit Geld, sondern auch noch mit Einfluß angeben wollen.

Gern sehen wir natürlich die eigenen Initialen vor einer möglichst niedrigen Einzelziffer oder einer Schnapszahl (die bekanntlich Glück bringt, aber Unfallflucht problematischer werden läßt). »CD« und »CC« hingegen gelten als überholt. Machen die Untergebenen des Chefs mit der »1« dumme Anspielungen, wehren sich Opfer (wie z.B. NDR-Boß Räuker gegen die üble Verleumdung einer Funkredakeurin). Schließlich ist die nackte »1« purer Zufall.

M – TU 5300: Ernst Zimmermann, Chef der nun zum Daimler-Benz-Konzern gehörenden Rüstungsfirma mtu, hat den Terroristen, die ihn umlegten, eine besonders gute Zielscheibe abgegeben.

Gern liest der Besitzer seinen Spitznamen, eine Abkürzung oder ein ganzes Wort auf seinem Identifikationsblech. Der arme Wim Thoelke! Auf seinem Propagandafoto für Mercedes muß er das zweite W seines 450 SE abdecken! Kennzeichen: WI – MW 564.

Wir Deutsche sind in Sachen Nummernschild leider etwas unflexibel, weil die Kennbuchstaben der Städte festgelegt sind. Die besten »personalized number plates« finden wir in Kalifornien: 190 SL mit »2MUCH4U« (= »too much for you« = »zuviel für dich!«). Nur wenige unserer Mitbürger wollen allein wegen der amtlichen Nummer einen Scheinwohnsitz in Stuttgart anmelden, um auf dem Nummernschild ihres 190 E täglich das Bekenntnis lesen zu können (und vor allem lesen lassen zu können): S – EX 69[20].

OB MAN BENZ, DAIMLER ODER MERCEDES SAGT

Benz
Hier haben wir das kompromißlose Bekenntnis. Kein Vielleicht oder Ungefähr, kein Könnte oder Sollte, sondern das pure, unverfälschte, schlichte

---

[20] Der Autor bietet 250,- Mark Handgeld, wenn ihm einer seinen Wagen auf dieses Kennzeichen anmelden kann.

Benz. Benz trägt nicht dick auf, Retusche oder Mache hat es gar nicht nötig. Jeder weiß, was gemeint ist. Jeder kennt seinen Stellenwert. An Klarheit und Direktheit kann ein schlichtes Benz nicht übertroffen werden. Statisch, solide, bodenständig. Benz ist das Haben.

Daimler
Der Daimler spricht mehr die gediegeneren Qualitäten an. Daimler, da spürt man die Hände, die in kunsthandwerklicher Perfektion auch das letzte, kleinste Detail mit einer 182%igen Sorgfalt verfeinert haben, bis es selbst Liebhaber und Pedanten voll befriedigte. Der Daimler fährt, der Benz steht. Elegant, gleitend, wertvoll. Daimler ist das Sein.

Mercedes
Welch beschwingte Schönheit geht von diesem prächtigen Stück gediegener Ingenieurskunst aus. Das Surren, wenn der Wagen schwebt. Mercedes, das ist die Kunst zu lieben.
Leider hat sich die Poesie der drei möglichen Bezeichnungen durch ihren falschen Gebrauch immer mehr verflüchtigt. Das geht in erster Linie auf das Konto der Banausen, die selbst nie einen Mercedes halten konnten. Sie haben vor allem das Wort Mercedes entwertet, so daß den Mercedesfahrern nur noch Benz und Daimler übriggeblieben sind. Doch auch hiermit tun sie sich zusehens schwerer, steht doch in der Sprache des gemeinen Volkes Benz für das Angeber-Mobil, das in Wirklichkeit auch nur ein Fortbewegungsfahrzeug ist, und Daimler für den hoffnungslos veralteten und überdimensionierten Spritfresser, dessen Ersatzteile ausgestorben sind.
»Mercedes-Benz« übrigens kommt als Bezeichnung in unserer Sprache niemals gesprochen, sondern nur geschrieben vor.

DIE MERCEDES-MÄSSIGE GARAGE

Die Mehrzahl der Garagen-Typen verkürzen das Mercedesleben eher, als daß sie es verlängerten. Sie sind nicht zugig genug und wärmer als die Umgebung. Das zusammen begünstigt Kondensation und damit Rost von innen. Zudem haben sie einen zweiten, noch gravierenderen Nachteil: der Mercedes in der Garage ist wohl vor Regen und Klauen gesichert, aber nur der Mercedes vor dem Haus kann ausreichend bewundert werden.
Die Garagenforschung empfiehlt deshalb die moderne Anti-Korrosions-

Show-Garage im Zwinger-Stil: Wellblechdach gegen Regen und Schnee, Seitenwände aus verzinktem Gitter für optimalen Durchzug und gleichzeitig freie Sicht auf unser Prachtstück, angegliederte Hütte für Rex gegen Diebstahl.

Wer noch über eine altmodische Garage verfügt, sollte wenigstens darauf achten, daß sie mit Fernbedienung ausgerüstet ist. Tiefgaragen lehnen wir als zu unauffälligen Unterstellplatz ab. Wir benutzen sie nur zu unbarmherzigen Probefahrten im Rahmen unseres Training-Programmes für den Fluchtauto-Führerschein.

DER ANGESAGTE ZWEITWAGEN

Leider machen Mercedesbesitzer bei Zweitwagen immer noch viele Fehler, weil die Frau einen Einkaufswagen braucht, man gern offen fährt oder ein Wohnmobil zu brauchen meint (Didi Hallervorden schwört darauf). Doch der angemessene Zweitwagen gerade des S-Klässler darf kein Auto sein! Deshalb führt kein Weg am R4 vorbei, diesem Vorgestern in Blech: nichtmal Fensterkurbel, sondern klemmende Schiebescheibe. Diese unschlagbaren Scheibenwischer! Diese Gartenstühle! Diese Gang-Verwechslung-Gestänge-Schaltung! Diese bedrohlich extremen Schieflagen selbst in ganz langsamen Kurven! Sonntag 80 km R4, und der gestreßteste Manager steht montags freiwillig eine Stunde früher auf, um im Mercedes genießerisch von Geschäft zu Geschäft zu gleiten.

Angeber legen ihren R4-Tag in die Mitte der Woche. »Ist Ihr ›Wagen‹ zur Inspektion?« »Zur Inspektion«, weil es für Untergebene einer Beleidigung des Chefs gleichkäme, sich vorzustellen, der Direktions-Mercedes habe einen Defekt. »Ist Ihr Wagen gestohlen worden?« würde als blöder Scherz einen Karriereknick riskieren. »Hatten Sie einen Unfall?« ginge gerade noch so, könnte den Chef aber an den Unfall erinnern und seine Laune für Stunden ruinieren. »Nein, ich habe meinen R4-Tag.«

Von diesem Moment an gilt dieser Chef als Mann von unglaublicher Klasse. Aber so ist das eben mit Managern. Sie könnten in der Präsidentensuite des Hilton in Rio absteigen, fahren aber zu den Moskitoschwärmen nach Schweden, um im Survivalcamp zweieinhalb (Manager nehmen nie ganze Wochen Urlaub!) Wochen lang Regenwürmer zu verschlingen. Roh. Der Untergebene überlegt sich, ob er seine Diät umstellen soll, um so die Treppe rauf zu fallen.

KUNSTPARKEN – KAMPFPARKEN – SCHAUPARKEN

Leider sind mit Adenauer auch die Zeiten vergangen, zu denen die großen Mercedesse einen Park-Persilschein hatten, weil ihr Besitzer garantiert mit dem Vorgesetzten des Bullen auf Du stand. Heute spielen sich Parkprivilegien nur noch auf Privatgelände ab.
So gilt unter Mercedessen eine geheimbündlerische Absprache, daß man Firmenparkplätze benutzen darf. Jedenfalls kommt es in der Praxis nie vor, daß ein SE von Privatgelände abgeschleppt wird. Vielleicht hat sich unser wichtigster Lieblingskunde gerade gestern diesen Wagen angeschafft!?
Das Vorurteil, der Mercedesfahrer vergöttere den rechten Winkel, ist falsch. Auf öffentlichen Parkplätzen macht er sich regelmäßig um die Auflockerung der langweiligen geometrischen Ordnung verdient, indem er halbquer zwei Parkbuchten belegt. Der Parkwissenschaftler spricht von »Kunstparken«. Der »Kampfparker« nutzt Freiflächen wie schmale Bürgersteige oder Behinderten-Stellplätze. Gern schlägt er sich mit seinem schweren Wagen ins Unterholz öffentlicher Anlagen, die bisher parkmäßig noch nicht erschlossen waren.
Der »Schauparker« legt größten Wert darauf, daß er als Person direkt mit seinem auffällig geparkten Mercedes in Verbindung gebracht werden kann. Er fährt zum Parken bis beinahe zwischen die ersten Stuhlreihen des angesagten Straßencafés oder stellt die Karosse gut sichtbar vor der Kneipe in zweiter Reihe ab, damit alle fünf Minuten jemand reinkommt und fragt, wem der große, teure und schöne Mercedes gehört, der draußen so individuell abgestellt ist. Schade, daß man sein Autotelefon nicht mit in die Kneipe nehmen kann!
Gern parkt der Schauparker seinen Wagen unverschlossen, am liebsten mit wertvollem Gepäck sichtbar im Fond, laufendem Motor oder Schlüssel auf der Ablage. Das nennt man Mut. Er hofft, daß einer der Versuchung erliegt, an diversen Alarm- und Sicherungseinrichtungen scheitert und im fairen Zweikampf dem Rottweiler unterliegt, der nun losgehetzt wird.

DAS RUHIGE ÖKOLOGISCHE GEWISSEN

Mercedesfahrer wissen genau, warum der Wald stirbt: wegen der Kleinwagen mit ihren schlecht eingestellten Motoren natürlich, Ente, Fiat, R4, diese Brüder, die hinten rausqualmen wie ein Trabant. Dazu kommt noch die

Pest, die der Ostwind uns aus den Grenzen von 1938 rüberbläst. Ich sage nur Magdeburg.

Nein, wir haben uns nichts vorzuwerfen. Mag sein, daß wir sechsmal soviel Super pro Kilometer verbrennen wie der kleine Citroën Normal braucht. Aber wir haben schließlich schon den geregelten Katy, und Dr. jur. Zimmermann sagt, daß Tempo 100 sowieso Quatsch wäre. Das Übel liegt ganz woanders: Es wird zuviel gefahren. Außer im Mercedes. Seine Fahrten sind wirklich unaufschiebbar wichtig, während die meisten Kleinwagen doch nur aus unnötiger Profilneurose oder Bewegungsdrang meine Straßen verstopfen. Zudem: Wer blecht denn die vielen Steuern, von denen der Umweltschutz bezahlt wird und auch sonst das ganze Land schmarotzt? Und so weiter und so weiter.

DER WAGEN MUSS EINGEFAHREN WERDEN

Stimmt zwar heute gar nicht mehr. Da aber ein Mercedesfahrer auch an den Nikolaus, den Osterhasen und die unbefleckte Empfängnis glaubt, besteht er auf ein paar Extratouren auf der Autobahn, um das Gefährt proper einzureiten. Nur ich und der Wagen. Das tut ihm gut. Vielleicht wachsen ihm ein oder zwei zusätzliche Zylinder aus Dankbarkeit.

KLEINIGKEITEN

Wagen mit Fahrer
Alle wirklich wichtigen Leute lassen sich chauffieren. Es gibt zwei Möglichkeiten, um in diese kleine, aber besonders feine Klasse aufzusteigen. Erstens harte Arbeit. Zweitens Saufen und dann Blasen. Die Fahrer zu erstens tragen Kappe, die zu zweitens Lockenwickler und für drei bis sechs Monate eine saure Miene.

Was ist Auto-Sport?
Der Begriff für alles, was pubertär erscheint, gegen die Straßenverkehrsordnung verstößt, verunglückt aussieht und teuer ist.

Wir und der ADAC
Jeder Mercedesfahrer ist ADAC-Mitglied. Keiner weiß warum. Aber wenn irgendwas was kostet, wird es schon irgendwelche Vorteile haben.

KATASTROPHEN

KRATZER

Natürlich ärgert sich der Mercedesfahrer über jeden Kratzer. Rücken wir jedoch von der oberflächlichen Betrachtung ab, stellen wir fest, daß die Jungs, die mit Schlüsseln oder Nägeln meterlange Spuren in die S-Klasse ritzen, eine gesellschaftlich wichtige Funktion ausüben. Sie bekämpfen die Werte-Unsicherheit unserer Elite.
Immer, wenn Herr Oberwichtig von Zweifeln an der Gerechtigkeit der Welt, von sozialen Anwandlungen, Verständnis oder sogar Mitleid für andere beschlichen wird, erinnert ihn so ein Kratzer daran, daß es zwei Sorten Menschen gibt: uns und den schäbigen Rest! Internierungslager nicht unbedingt, aber ein paar hinter die Löffel kann nicht schaden. Und wir müßten sie an die Arbeit kriegen, diese Schmarotzer.
Dank des häßlichen Kratzers auf dem Benz wird er an diesem Tag nicht mehr erwägen, frustriert alles hinzuschmeißen, um sich und Irmgard ein flottes Leben von der Sozialhilfe zu gönnen. Er spürt, daß er weiterkämpfen muß (so wie Ron, Superman und Helmut auch).

UNFALL

Ein verbreitetes Vorurteil besagt, daß der Mercedesfahrer darunter leidet, wenn sein geliebtes Auto bei einem Unfall schuldlos verletzt wurde. Das stimmt nicht! Endlich kann er die Beulen reparieren lassen, die er in den Monaten zuvor selbst reingefahren hat, und dies der Versicherung unterschieben (Da spätestens bewährt sich das regelmäßige Trinkgeld an den Werkstattmeister der Wiederaufbereitungsanlage!). Außerdem steht ihm nun ein Ersatzwagen gleicher Klasse zu. Er leiht sich sein Modell bei Sixt oder Interrent und fährt zwei Tage so damit herum, wie er sich zuhause nie benehmen würde. Jetzt weiß er endlich, was sein Wagen aushalten **würde**. Siehe auch unter »Mercedes zum Golfpreis« und »Vertreter«.

HELFER

Der Mercedesfahrer ist der einzige Automobilist, der liegenbleibt und, wenn nette Mitbürger im Nicht-Mercedes anhalten und nachfragen, ob sie ihm helfen können, diese auch in höchster Not mit gequältem Lächeln weiterwinkt. In der Tat: ihm **ist** nicht zu helfen. Er bleibt lieber in seinem Gefährt sitzen und geht davon aus, daß der defekte Wagen nur einen Ohnmachtsanfall haben kann. Er vertraut auf die Selbstheilungskräfte seines Mercedes und auf **positives Denken**[21].

---

[21] Das ist die Ersatzreligion der Erfolgreichen, die ihren Durchbruch nicht auf Vatis Geld und Beziehungen, auf die eigene Unverschämtheit und Skrupellosigkeit oder auf die Dummheit der anderen zurückführen, sondern auf ihre positive Einstellung: Wenn du nur fest genug dran glaubst und positiv denkst, haut die Sache schon hin. Typischer Fall von Gesinnungskitsch im Stile von New Age und Pilotenspiel.

LIEGENBLEIBEN

Der Mercedes steht extrem auffällig im Halteverbot. Sein edler Besitzer kommt von wichtigen Geschäften zurück, setzt sich hinters Steuer und ... Doch da verließen sie ihn! Er versucht es mit Gefühl und mehrfachem Orgeln. Dieses Konzert, selten genug aufgeführt von Mercedes-Straßenmusikanten, erregt sofort die Aufmerksamkeit unzähliger Musikliebhaber auf dem Bürgersteig, die unseren Helden umringen und mit hämischen Blicken rösten.
Er schlägt sich selbst ein paar kräftige Ohrfeigen und schüttelt vehement den Kopf. Aber er wacht nicht schweißnaß neben Nancy auf wie Ronald Reagan im Genesis-Video. Was soll ich nur tun? 110? 112? Krankenwagen, Feuerwehr, Überfallkommando? Irgendeiner muß für solche Extremsituationen doch zuständig sein! Nochmal orgeln. Immernoch Fehlanzeige. Es gibt nur wenige Momente im Leben dieses Herrn auf dem hohen Roß, an denen er lieber tot sein möchte. Dies ist einer davon. Er stellt sich tot und wartet hinter getönten Scheiben, bis sich in tiefer Nacht der Volksauflauf aufgelöst hat und er unbeobachtet aussteigen kann. Was soll ich machen, wenn vorher die Bullen kommen, fragt er sich panisch all die Stunden.

ANLASSER IM EIMER

Weil wir es extrem eilig haben, müssen wir wildfremde Menschen auf der Straße ansprechen, ja anbetteln, haste-ma-ne-Mark-für-mich-mäßig. Und das wir – in unserer Position! Noch dazu Untermenschen, denn nur die tragen keine Garderobe, die man sich versauen würde, und nur die haben die Muskeln zum Anschieben. »Aber für umsonst machen wir das nicht« sagen die vier ungepflegten Arbeitslosen dreist. Wir versäumen unseren Termin: Weil dieser Abschaum mit breitem Grinsen keine Schecks akzeptieren will.

ABGESCHLEPPT

Wenn wir derartig wie Untertanen behandelt werden, brauchen wir zwei Tage Bettruhe, um uns zu erholen.

KINDER

Mercedes-Kinder beherrschen ein paar mehr Kunststücke und seibern geringfügig weniger als Mercedes-Hunde, können aber vor dem Urlaub weder ausgesetzt noch eingeschläfert werden. Intelligente Mercedesfahrer verfüttern während der Fahrt gen Wochenendhaus in Marbella weder Schokolade noch Milchprodukte an die Kinder, um sich selbst keinen Grund zum Blutrausch zu geben, wenn Schokokrümel ins wertvolle DB-Tex hineinschmelzen oder die verschüttete Milch den Wagen innerhalb dreier Tage unrettbar zur nach Buttersäure[22] riechenden Ruine entwerten.

ZERSTOCHENE REIFEN

Da hört der Spaß auf. Standrecht!

LICHT ANGELASSEN

Unangenehm, aber als spannende Abenteuergeschichte für den Stammtisch geeignet.

---

[22] Brechreizende Mischung aus den Duftnoten »faule Eier« und »Schweißfuß«, nur in Tibet in Form eines Nationalgetränkes beliebt.

PFÄNDUNG

Die wirkliche Katastrophe, weißer Hai und flammendes Inferno zugleich, wäre gekommen, wenn der Mercedes aus heiterem Himmel gepfändet würde. Der Gesichtsverlust wäre unerträglich. Umsteigen auf einen billigen, kleinen Gebrauchtwagen? Lieber werfe ich mich als letzte Amtshandlung vor meinen Wagen und lasse mich stolz überrollen!
Da dies aber wiederum Hilde das Herz brechen würde, werden kaum Mercedesse gepfändet. Nicht, daß Mercedesfahrer nicht ständig pleite gingen. Im Gegenteil, fast alle Bankrotteure der Nation fahren im Mercedes zur Konkurseröffnung beim Amtsgericht. Aber dort wird dann, ganz ohne Schmus, das Verfahren »mangels Masse« nichtmal eröffnet. Sie fahren im Mercedes heim. Nein, natürlich nicht in **ihrem** Mercedes. Sie wohnen ja auch nicht in **ihrem** Haus. Sie wohnen in **ihrem** Haus und fahren **ihr** Auto: in Hildes!

EHEMALIGE MERCEDESFAHRER

Zu den anstrengendsten Katastrophen zählt der ehemalige Mercedesfahrer. »Ich hatte auch mal einen 280«, sagt er, und schon heißt es vorsichtig sein. Entweder müssen wir uns nun endlose Litaneien über den geliebten Ex-Wagen anhören – das sind die Absteiger, die den besseren Zeiten, die sie schon gesehen haben, sehr hinterhertrauern. Für sie empfinden wir Sympathie, wollen aber ihren Vortrag abkürzen, bevor wir vor lauter Mitleid und Verständnis unseren Wagen an sie verschenken. Oder wir müssen schlimme Tiraden auf Mercedes hören, der Wagen war **der** Reinfall – das sind die Absteiger, die es angeblich unten schöner finden als oben. Der Tag ist jedenfalls versaut.

WIR UND DER REST – DIE FREIE WILDBAHN

DAS AUTOBAHN-VERFOLGERFELD

Ursprünglich hat der Führer sie nur für uns Mercedesfahrer bauen lassen. Aber dann hat Adenauer es zu Wirtschaftswunderzeiten versäumt, wenigstens eine gesetzlich geschützte Mercedesspur anzuordnen. Daher gibt es auf der Autobahn heute manches Problem für uns, denn nur eine freie Autobahn ist eine gute Autobahn.
Da sich in dieser Hinsicht am Zustand seiner heimischen Rennstrecken an sich immer etwas verbessern läßt, opfert sich der Mercedesfahrer für dieses Mehr an Freiheit. Übrigens auch aus sozialer Neigung für die, die bergab in seinem Windschatten hinterherrasen. Selbst wenn der Stau schon beinahe zum Stehen gekommen ist, versucht der Daimler seine Vorderleute zu überzeugen, daß sie nun bitte nach rechts rüberziehen sollten. Im Sinne eines **allgemein** besseren Abflusses!
Bei seiner Überzeugungsarbeit meidet der Mercedesfahrer billige Effekte. Zügig, aber ohne Hast schiebt er sich immer größer und bedrohlicher in den Rückspiegel des Schleichers vor ihm (damit das klar ist: der fährt wirklich nur 174 km/h!), bis der schon das Weiße in den Augen des Verfolgers ahnt. Zum gleichmäßigen Schnurren der Maschine und dem verhaltenen Heulen der schnittigen Karosse kommt der feine Klick-Rhythmus des Blinkrelais, eine sparsam minimalistische Symphonie, zu der der Fahrer gelegentlich spontan mit der Lichthupe klackt und improvisierte Texte singt: »Bist du denn blind, du Arschloch?« oder »weg da, du verschimmelter Anfänger!«
Das gegnerische Lenkrad wird feucht, hektische Blicke nach rechts halten nach einer Lücke ausschau. Verschwindet der Störer endlich zwischen hupenden LKWs, so mobilisiert der Daimler sämtliche Kräfte und zieht unglaublich schnell mit schlichter Selbstverständlichkeit an ihm vorbei. Natürlich verzieht ein Mercedes keine Miene und gestikuliert auch nicht. Mit Dienstboten wird man nicht privat. Außerdem ist es für ihn nicht ein Mensch, sondern nur ein primitiver Haufen lebloses Plastik und Metall aus im schlimmsten Falle Frankreich, mit dem er sich anlegt. Man ist sich der eigenen Überlegenheit auch ohne dies gewiß und glaubt sich beinahe selbst, daß es bei solchen Manövern wirklich um die Zeitersparnis geht.

Auch am Licht kann man den Mercedes auf der Autobahn erkennen. Abends knipst er die Laternen erst an, wenn alle anderen schon beleuchtet fahren. Tagsüber hingegen ist der Mercedes der einzige, der gerne mit Fernlicht durch die Gegend prescht.

DAS VERFOLGERFELD[23]

280 drängelt 190E, der Gas gibt und nicht Platz macht, weil vor ihm ein 3er BMW die Gegend verseucht, der gern einen 7er hätte. Ein frei fahrender 190 E wird immer von einem Quattro verfolgt, hinter dem der unvermeidliche GTI mit dem IBM-Marketing-Experten (Körpergröße nie unter 192 cm) klebt. In wechselndem Abstand dahinter Ford Sierra, der Terrier der Landstraße, das Minderwertigkeitskomplexmobil. Der Sierra holt immer wieder auf, wenn der gesamte Raserpulk zusammengestaucht wird, weil einem schnellen, aber schwachen Japaner (= Kundendienstmonteur) bergauf die Puste ausgeht oder irgendein Muttchen im VW ängstlich am bulgarischen LKW vorbeischleicht, da es fürchtet, sonst zwischen Gießen und Rosenheim keine weitere Chance dazu zu haben.
Der 190 E bildet sich ein, er könne allen davon fahren, und beginnt mit dem Linksblinken schon, bevor ihn der Vordermann im Spiegel überhaupt sehen kann. Er fährt nie so schnell wie er glaubt, daß er fährt, und muß daher gelegentlich peinlich rechts raus, wenn der amtliche S, SE, SEL oder, die Oberraser, SEC ohne aufgeregte Signale kilometerlang vorwurfsvoll und erniedrigend sein Strömungsstufenheck beinahe berühren.

BULLEN

Sie fahren keinen Mercedes, sie haben noch nie einen gefahren und werden nie einen fahren, nichtmal 190 oder gebraucht. Weniger aus Überzeugung, denn aus Mangel an erlaubten Mitteln. Der Bulle im S-Klasse-Mobil würde automatisch besonders schräg angesehen, muß er doch geradezu Schmiergelder nehmen, um sich sowas leisten zu können. Schlaue Bullen kaufen sich daher lieber unauffälligere Autos von ihren Schmiergeldern.
Selbstverständlich hassen Bullen den Mercedesfahrer. Deswegen wird es für ihn schwer, sich aus der Affäre zu winden. Der Bulle genießt es, Herrn

---

[23] Nach dem bekannten hessischen Überholforscher und Mercedologen Eugen Pletsch.

Wichtig seine Zeit zu stehlen und die üblichen Argumente ungerührt an sich abperlen zu lassen: »Ich werde mit Ihrem Vorgesetzten sprechen, ich habe gute Freunde in Bonn, mein Einfluß reicht bis...« Der Bulle schreibt ungerührt seine Anzeige. Der 190 verkündet laut, daß man es wohl seitens der Polizei den »reichen« Mercedesfahrern doppelt geben will, nach dem Motto: die haben es ja sowieso, und »dabei sind wir doch die Elite, von deren Steuern Ihr lächerliches und dabei immer noch unangemessen hohes Gehalt bezahlt wird, Du Wegelagerer!« (dieser Begriff kostet DM 800, duzen inclusive).

Alle amtliche Geduld hat ein Ende, wenn Mercedesfahrer nach der Dienstnummer fragen und das unfeine Wort »Dienstaufsichtsbeschwerde« fällt. Sowas kann gelegentlich zu Prellungen, Abschürfungen und Krankenhaus führen. Komisch, daß man immer dann so unglücklich stürzt, wenn man gerade auf irgendwelchen überflüssigen Rechten bestehen will. Und jetzt wollen sie sich vor Gericht an den armen Bullen mit einer infamen Lügengeschichte rächen?

Echte Mercedesfahrer debattieren nicht, wo es nichts zu gewinnen gibt. Sie wissen, daß ihr 500 SEL in dieser Situation nicht für sie spricht. »Was soll es kosten, Sie tun ja nur Ihre Pflicht, ich will gar nicht mit Ihnen feilschen, wie Sie das sicher überwiegend erleben, Ausreden liegen mir nicht, außerdem würde das meine – und natürlich Ihre – wertvolle Zeit verschwenden.« Es kommt vor, daß der Bulle nun das Kassieren vergißt. »Nichts für ungut, aber sie wissen ja... Doch wo Sie Ihren Fehler einsehen..., also dann, gute Weiterfahrt auch, Herr Doktor.« Wußte ich es doch, sagt der kleine Bulle zu sich, wenn sie den Großen haben, sind es tatsächlich Übermenschen mit persönlicher S-Klasse.

POLITESSEN

Wenn man einen Bullen noch zur Mittäterschaft bei einem vernünftig geplanten Bankeinbruch überreden kann, so stellt die Politesse grundsätzlich und immer auf stur. Der ihr lange bekannte Kurz-Falschparker, der seinen Wagen nur zum Be- und Entladen vor dem eigenen Laden auf den Bürgersteig stellt: Knöllchen (wenn möglich Turbo-Knöllchen = Feuerwehrzufahrt oder »mit Behinderung«). Ein netter Brief unter dem Wischerblatt hat nichts genützt. Die mit Schleifchen verzierte Geschenkpackung Ferrero-Küßchen, süßeste Versuchung, seit es Schokolade gibt, schmilzt unangerührt zwischen den Wischerblättern, als sei sie von der bösen Hexe nicht gekonnt genug vergiftet worden, um nicht vom uniformierten Blaukäppchen schon aus 13 Metern Entfernung enttarnt zu werden. Wahrscheinlich wird das Menschenmaterial, aus dem sie Politessen machen, für harte D-Mark aus der DDR importiert.

DDR UND PAPUA-NEUGUINEA

Als »DDR« wird jene Weltgegend bezeichnet, in der man leere Pril-Flaschen aufbewahrt und neben die leere Ajax-Streudose in die Sammlung mit West-Trophäen stellt. Die als Geschenk aus dem Westen mitgebrachte Pralinenschachtel wird nicht ausgepackt und geöffnet, weil man sonst einen Teil ihres Inhaltes gleich wieder an den schenkenden Gast rückfüttern müßte. Schließlich sollen die Pralinen die nächsten zwei Jahre reichen.
Natürlich gibt es in der DDR keine Mercedesse. Die, die es doch gibt, werden von äußerst undurchsichtigen Charakteren besessen und kamen auf noch undurchsichtigeren Kanälen zu ihrem Besitzer. Diplomaten fahren Mercedes. Aber Diplomaten dürfen ja auch ausreisen, um in West-Berlin Pril, Ajax und Pralinen zu kaufen.
Auch der Staatsratsvorsitzende des Zentralkomitees der SED, Mitglied der 12. Volkskammer der Arbeiter für den Sozialismus, verdienter Bannerträger der roten Fahne der sozialistischen Internationale und antiimperialistischer Held der Arbeit fährt keinen klassenfeindlichen Mercedes, sondern einen neutralen Citroën oder Volvo (weil man die Limousinen des Brudervolkes wirklich nicht als Auto benutzen kann). So ist die DDR aus purem Trotz vielleicht der weißeste Fleck auf der Mercedes-Weltkarte.
Umso sensationeller, wenn einer vorfährt! Es sind die Verwandten aus dem gelobten Land, das man aus dem Fernsehen kennt. Welche Geschenke haben sie diesmal mitgebracht? Wieviel Zusätzliches mehr können wir ihnen diesmal im privaten Gespräch aus den Rippen betteln? Wieviele Tage eher als geplant werden sie diesmal abreisen?
In den 50er Jahren haben die Amis einige Science-Fiction-Filmchen abgedreht, in denen plötzlich irgendwo in der Nähe von Washington ein unbekanntes Objekt herumsteht. Da mischen sich Ressentiment und Bewunderung für die wahrscheinlich meilenweit überlegene Technologie dieser wahrscheinlich Außerirdischen. Dieser Film mit einem Mercedes als Hauptdarsteller könnte heute noch immer in Papua-Neuguinea oder Cottbus spielen.

IM URLAUB

Die Dritte Welt beginnt am Brennerpaß. Nicht genug damit, daß organisierte Wegelagerer Straßenzölle erheben, wo wir Deutschen es doch sind, deren Urlaubsgeldern die Wilden ihren bescheidenen Fiat- und Spaghetti-Wohlstand und die zusätzliche Einführung von Kultur (Eisbeim m. S.) verdanken. Zudem klauen sie wie die Raben – nur schlimmer.

Wer die Knebelparagraphen der Kaskoversicherung erfüllen oder wirklich sichergehen will, daß ihm niemand den Wagen zerlegt oder schlicht als Ganzes abgreift, muß die gesamten Ferien im Mercedes sitzen bleiben und dürfte eigentlich nichtmal zum Nachtanken halten. Denn kaum kommt die Sternkarosse an der Tankstelle zum Stehen, beginnen die Eingeborenen von allen Seiten, wertvolle Ersatzteile abzuschrauben. Die schönen Alufelgen haben wir inzwischen mit einem professionellen Schloß bomben- und italienischer befestigt. Aber was ist mit den Kappen der Bremsleuchten, den Scheinwerfern, den Kotflügeln, dem Motor? Von unserem Mercedes bleibt uns nur der volle Aschenbecher und der Mercedesstern, den wir vorsorglich schon daheim abmontiert hatten.

IM STAU

Berufsverkehr

Verloren in den Urgewalten des Berufsverkehrs, einsam im erzwungenen Kollektiv zwischen Stop and Go, bricht über den Mercedes die scheußliche Offenbarung herein: Auch wir, ja **selbst wir** kommen nicht vorwärts. Nichtmal Moses, dem Rotmeerspalter, würde sich hier eine Gasse öffnen – außer, wenn er das blaue Rundumlicht dabei hätte.
Wie paralysiert stieren wir geradeaus, Tunnelblick mit Scheuklappen, um uns den Anblick der Unpersonen zu ersparen, die zu beiden Seiten in unser Auto spähen, um zu kontrollieren, ob **auch** wir uns in der Nase bohren. Zudem sehen ihn die anderen Eingekeilten und Verstopften mit jenem provozierend mitleidigen Blick an, der den Mercedesfahrer am ehesten töten könnte: »**Auch** auf dem Weg zur Maloche, was, Kumpel!?« Nein, der Mercedesfahrer erträgt es ganz einfach nicht, daß **auch** er im Stau steht. Das ist das Wort, das er am meisten haßt: **AUCH!** Berufsverkehr ist die Verschwörung des Pöbels gegen den Herrenfahrer, das schlimmste aller Auchs.

Urlaub

Die Wissenschaft sagt, der Deutsche brauche den Stau auf der Autobahn. Auch der Mercedes steuert zu Stoßzeiten Richtung Autobahn Salzburg, obwohl er doch ganz genau weiß, was ihn erwartet. Aber die Lemminge sind bekanntlich nicht zu bremsen. Aneinandergeschmiedet durch das stählerne Band des gemeinsamen Schicksals, den Urlaub unbedingt in Rimini verbringen zu **müssen**, ausgerechnet wenn Bayern, Hessen, Niedersachsen und Dänemark gleichzeitig Ferien bekommen, stehen sie in der brütenden Hitze am Irschenberg.
Weil ihr Wagen einen großen Tank hat, steigen die Mercedesinsassen als letzte aus. Doch nach vier Stunden mit laufendem Motor und Klimaanlage zeigt die Nadel auf Reserve. Zaghaft verbrüdern sich die Mercedesmenschen mit dem normalen Volk vor, hinter und neben ihnen, so wie Carl Carstens auch immer wieder diese unnatürlichen Wanderungen mit angeschlossenem Bad in der Menge unternommen hat und dies »Dialog« nannte (mit, daher kommt dieser Ausdruck, »dem Mann auf der Straße«). Das geht bis hin zu Skat, Duzen und kollektivem Stullen-Tausch.

KAVALIERE DER STRASSE

Von denen kann man besonders viele hinterm guten Stern auf allen Straßen antreffen, besonders, wenn Zeugen auf dem Beifahrersitz mitfahren. Der Mercedes brettert mit 73 km/h[24] durch die belebte Innenstadt. 150 Meter vor dem Zebrastreifen mit reichlich Fußgänger-Andrang gibt er nochmal BMW-mäßig Gas. Die Fußgänger stellen sich auf Rowdytum ein, bei nasser Straße hechten sie vor der unvermeidlichen Schmutzwasserkaskade in Deckung. Doch der Kavalier der Straße bremst unerwartet ab, gerade so scharf, daß gerade noch kein Quietschen zu hören ist (mit ABS geht das besonders gut) und hält einen Zentimeter vor der amtlichen Haltelinie, als habe er diese Geste der Selbstverständlichkeit schon gestern nachmittag geplant. Die ungläubig zögernden Fußgänger winkt er nach einigen Sekunden des Wartens freundlich über ihren Zebrastreifen. Grundsätzlich zeigt er keine Neugier auf die Reaktion des Beifahrers. Er weiß genau, daß der kommentieren und ihm die Gelegenheit geben wird, sich gegen die falschen Unterstellungen zu verwehren, daß alle Mercedesfahrer etc. etc..
Er halte selbstverständlich gängige Verkehrsregeln ein, tönt der Mercedesfahrer nach dem Zebrastreifen-Stunt. Aber warte, wenn er erst außer der Reihe, aus nackter Gnade, in die Eisen tritt! Hier beweist der Mercedes-Kavalier seinem Beifahrer, wie sehr die Leitbildfunktion des Sterns im Straßenverkehr von anderen Automarken mißverstanden wird. Wenn alle denken: »Prima, der pflügt uns die Rennbahn durch die City frei!«, und sich in seinem Windschatten vor Unfallschuld und Radarfoto sicher fühlen, stoppt der Kavalier aus heiterem Himmel mittendrin, um jemandem einen netten Gefallen zu tun: Frau am Steuer rechnet an der Rechts-vor-links-Kreuzung die Reihenfolge der Berechtigungen nach und wird ritterlich vorgelassen; Radler möchte links abbiegen; Ente möchte aus der Einfahrt auf die Straße; Omi will über die Autobahn humpeln.
Wird er nun, da er beinahe eine Massenkarambolage »verursacht« hat, angehupt oder böse bedroht, kann er dem Beifahrer in aller Seelenruhe erklären, wieso den anderen einfach die Klasse fehlt, um so schnelle Autos wie Visa oder Panda überhaupt fahren zu dürfen. Ist gerade kein Beifahrer anwesend, senkt er elektrisch das Fenster und brüllt aus dem Fenster: »Fick dich doch selbst, du Stück Scheiße!«

---

[24] Das ist die Mercedes-Vernunft-Grenz-Geschwindigkeit des informierten Verkehrssünders (also dessen, der die **»Bibel für Verkehrssünder«** von Achim Schwarze (Eichborn, 16,80 DM) schon besitzt). Bis zu dieser Geschwindigkeit im Orte gibt es keine Punkte, wir müssen nur 40 Mark zahlen. Die Grenz-Risiko-Geschwindigkeit liegt bei 78, bis dahin kostet es nur einen Punkt und 80 Mark. Ab 79 hat man Radar.

PERVERSE S/M-ERZIEHUNGSSPIELE

Wie eine Befragung sämtlicher vom Autor frequentierten Dominas ergab, fahren überdurchschnittlich viele der Kunden mit dem Wunsch nach strenger Erziehung und Verkehr im Mercedes vor. Doch Verkehrserziehung **ohne** Peitsche und Lederstiefel im Kreuz können sie gar nicht vertragen.

Dieser perverse Kleinwagen, der stur 80 fährt, nur weil irgendein Schild gesagt hat: 80! Das tut er aus verkehrserzieherischer Schikane, kein Zweifel. Dabei ist die Bahn doch frei, und jeder gesunde Mensch würde 140 fahren. Aber nein, die abartige Sau läßt einen nicht vorbei. Seit 20 Minuten Stoßstangenfahrt nicht, ach länger! Rechts geht auch nicht, Lastwagen. Standspur: zu riskant. Die Heilige Dreifaltigkeit des bekennenden Mercedesfahrers wird bemüht: Hupe, Aufblenden, Blinker. Nichts!

Der Mercedesfahrer malt sich die Foltern genau aus: Fesseln, Knebeln, Prokrustesbrett, sämtliche Weihnachtslieder mit Anneliese Rothenberger, Blutbad oder wenigstens eine Riesenbeule.

Endlich gibt der Erzieher die Bahn frei. Höchste Zeit für angemessene Rache! Der erniedrigte Mercedes setzt sich vor seinen Peiniger und wird immer langsamer. Will der Ausgebremste links raus und überholen, fährt auch der Mercedes links raus. Zwischendrin steigt er unvermittelt auf die Bremse, damit sein Hintermann richtig in Panik kommt. Wenn man die Handbremse benutzt, leuchten die Bremslichter noch nichtmal! Dem Schweinehund geben wir's!

Leider neigen besonders gefrustete Amtspersonen auf dem Heimweg zu sadistischen Erziehungsspielen. Unsere Rachereaktion auf deren Krankheit kann uns eine schöne Stange Geld und sogar die Pappe kosten.

In der Rolle des gestrengen Erziehers hingegen macht sich der Mercedesfahrer ausgesprochen überzeugend: Wenn sogar so ein schneller und schicker Wagen wie der meine sich an die Verkehrsregeln hält, dann wird den anderen 80 ja wohl auch reichen.

Auch Fußgängern erteilt er gern eine Lektion, besonders, wenn sie sich trotz längst Rot im Schutze anderer illegaler Zebrastreifenübertreter vor dem Überrolltwerden sicher wähnen. Eilig walzt der Benz heran und macht Anstalten, auf seinem Grün zu bestehen, auch wenn sich dadurch der Asphalt rot färben sollte. Das wirkt tiefer als Hupe – er nennt es Super-Learning.

ZEN UND DIE KUNST DES MERCEDES-FAHRENS

Wo der BMW gegen die Uhr fährt und seinen eigenen Rundenrekord brechen will, schwebt das Stern-Mobil, stilsicher wie immer, in der Eleganz ruckfreier Bewegungen mit möglichst wenig Bremsungen oder gar peinlichen Stopps zen-mäßig dem Ziel entgegen.
Gerade bei Strecken, die der Mercedes immer wieder fährt, legt er sich einen optimalen Fahrplan zurecht. Wann die Spur gewechselt werden muß, um den Linksabbiegerstau mit völliger Sicherheit zu umschiffen. An welchen Stellen parken ständig verstopfende Kandidaten in zweiter Spur? Die nächsten Ampeln kriegen wir gerade noch, wenn wir kurz auf 86 hochziehen, abbiegen, danach ausrollen lassen bis runter auf 32, das bringt die total grüne Welle. Selbstverständlich kennt er sämtliche einschlägigen, ampelfreien Nebenstraßen, Abkürzungen und Schleichwege, diese verkehrsberuhigten Retter der Fahrkultur zu Stoßzeiten. Mercedesfahren hat eben auch was mit überlegener Intelligenz zu tun.

WIE WIR DIE ANDEREN SEHEN

Die Besitzer und Fahrer anderer Marken sind für den Mercedesfahrer schlechterdings die Nicht-Mercedesfahrer. Aber er hat ja auch nichts gegen Ausländer. Solange sie sauber und ehrlich sind, sich anpassen und innerhalb von 24 Stunden das Land verlassen.
Die Idee der automobilen Apartheid läßt ihn das Verkehrsaufkommen als eine unförmige Ansammlung PS-schwacher Sonntagsfahrer und berufsverkehrender Horden begreifen, die durch ihre massenweise und kriechende Anwesenheit seine Straßen verseuchen. Ami-Schlitten und BMWs wird der Sonderstatus des Mischlings eingeräumt – immerhin beinahe Auto, aber es mangelt denen an Kultur. Jaguar gilt als Tourist.

ES HAT GEKRACHT!

Alle reden von Schuld. Wir nicht. Ein Mercedesfahrer hat nie schuld. Das erkennt man schon daran, daß das gegnerische Fahrzeug mehr abbekommen hat. So ist das nun mal mit dem Hexentest: fesseln und in den Bach schmeißen! Ertrinken sie, waren sie unschuldig, schwimmen sie oben, eindeutig Hexe, werden sie rausgefischt und verbrannt.

Alle schreien, alle regen sich auf. Wir nicht. Wir sind sowieso optimal versichert, wir wollen dem Bullen gefallen und sein Protokoll beeinflussen. Etwas anders sieht die Sache aus, wenn zwei Mercedesse in den Unfall verwickelt sind. Hauchdünn wie eine Chromschicht ist sie aufgedampft, die Kultur, und neigt zum Abplatzen. Plötzlich werden selbst Mercedesfahrer ausnahmsweise Mensch und pöbeln sich mindestens doppelt so primitiv an wie alle anderen Primitiven.

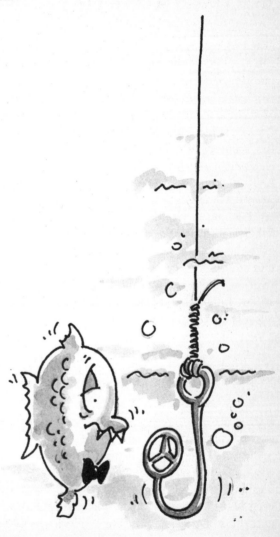

DAS MERCEDES-LEBEN

MERCEDES ZUM GOLFPREIS

Jeder Mercedesbesitzer leiht sich gelegentlich einen Mercedes. Im Sixt-Mobil ohne leibhaftigen Besitzer verwandelt sich Dr. Jekyll zum hydemäßigen Raser ohne Furcht und Tadel.
Noch wichtiger ist die gelegentliche Leihwagen-Tour für den Nicht-Mercedesbesitzer. Für 85,- Mark am Tag darf er den 230 E »zum Golf-Preis« parken (jeder Kilometer würde −,85 extra kosten) und das Autotelefon benutzen, die Einheit zu 70 Pfennig (Geheimnummer, wir können uns leider nicht anrufen lassen).
Beim Fahren wird das Material nicht geschont. Der Nicht-Mercedesbesitzer freut sich wie ein Schneekönig, wenn er die Grenzen der heiligen Karosse erreicht und es ihm glückt, einen möglichst kostspieligen Schaden an der Schüssel anzurichten, ohne mit dem Auto irgendetwas offiziell Unerlaubtes getan zu haben. Damit beweist er sich selbst, daß Mercedes doch nichts taugt und nur deswegen einen so guten Ruf besitzt, weil niemand die Teile »normal« oder gar »vernünftig« belastet. Sein Minderwertigkeitskomplex erfährt Linderung, denn schließlich: er fährt im fremden Mercedes, weil er selbst keinen hat. Warum hat er selbst keinen? Weil er ein Versager ist.

STÜTZPUNKT MIT MÄRCHENONKEL

Jetzt wird's ernst. Wer genügend Zeit mitbringt, kann beim Mercedeshändler all das erfahren, was auch in diesem Buch steht, allerdings etwas umformuliert und noch langatmiger. Der geleckte Märchenonkel der örtlichen Niederlassung sagt nicht »kann man prima mit aufschneiden«, sondern »lassen Sie mich bescheiden anmerken, daß von einem nicht unbeträchtlichen Segment unserer Klientel ein gewisses natürliches Prestige ausgeht, das auch in der Auswahl der Dinge, mit denen man sich zu umgeben pflegt, einen selbstverständlichen Niederschlag finden zu müssen scheint.« Er sagt nicht »kann man prima mit rasen«, sondern »ich darf Sie vielleicht, ohne dies in den Vordergrund stellen zu wollen, auf den gewissen Esprit gerade dieses Stückes aufmerksam machen, das wendige Temperament der versteckten, aber zuverlässig vorhandenen Reserven, welche ein konkret erlebbares Mehr an aktiver Sicherheit auf die Straße bringen, mit dem erst es sich beruhigt fahren läßt.«

Beim Mercedeshändler arbeiten überwiegend Parapsychologen, Telepathen oder Gedankenleser. Wie anders ließe sich erklären, daß gerade hier und gerade jetzt gerade das Auto steht, das wir schon immer genauso haben wollten. Manchmal dauert es etwas länger, bis uns ein genügend tiefer Blick in die Abgründe unseres eigenen Wünschens gelingt. Aber am Ende müssen wir einsehen, daß wir eigentlich den Wagen haben wollen, der vor uns steht, nicht den ganz anderen, den wir zu Anfang unsere Besuches noch glaubten haben zu wollen.

HÖHERE MATHEMATIK

Höhere Mathematik ist, wenn ein Zahnarzt am Jahresende mehr in der Kasse hat, weil er in Äthiopien an einem Köhnlechner-Fasten-Sanatorium Beteiligungen erworben hat. Das Geschäft bringt soviel Verlust ein, daß es schon wieder ein Gewinn ist.

Der Steuerberater baut den Billig-Mercedes zusammen. Da ist einmal der um 8 % heruntergehandelte Anschaffungspreis, von dem 40.000,- steuerlich abgesetzt werden können, plus die 20%ige Abschreibung p.a., die 14 % MWSt., die Berlinvergünstigung, die Einsteinsche Theorie der Krümmung der Zeit, »und außerdem ist die Sache mit billigem Geld aus EAP-Mitteln finanziert, der Wagen über Dänemark re-importiert und durch einen Nutzungsvertrag zwischen der eigens von mir für mich gegründeten Leasinggesellschaft meiner Frau und der GmbH & Co. KG, in der ich Geschäftsführer bin, ...« Dazu kommt der geringe Wertverlust, weil so ein Wagen auch nach zwei Jahren noch immer soundso bringt. Jedenfalls: der 420 kommt den Chef pro Kilometer billiger als der gebrauchte Sierra seinen Knecht.

Vor uns auf dem Blatt Papier stehen zu Demonstrationszwecken einige Zahlen, Summen und Zwischensummen, ein paar Wurzeln und die wichtigsten Ergebnisse der Zinseszinstabelle des offiziellen Dany-Dattel-Fanclubs. Was lernen wir daraus? Je größer der Wagen, desto billiger! Und: Irgendwas haben wir unser ganzes Leben lang falsch gemacht ...

SCHECKHEFT VON PRIVAT

Beim Mercedeskauf von Privat kommt die ganze Makellosigkeit einer Mercedesexistenz zum Vorschein. Alle Inspektionen seit 1886 sorgfältig in einen mit Schreibmaschine beschrifteten Leitz abgeheftet. Bei jeder kleinsten Kleinigkeit gleich in die Werkstatt (oftmals ohne Befund zurück). Über diesem einen klitzekleinen Fleck auf dem Polster der Rückbank (man hatte einen Fahrgast, der nicht zur Familie gehörte), liegt zufällig die Schließe des Sicherheitsgurtes, so daß auch er unsichtbar bleibt.
Jeder Mercedes-Verkäufer trägt schwer an seinem schlechten Gewissen. Man trennt sich eigentlich auch nicht von seiner Frau, nur weil sie in die Wechseljahre kommt, unglaublich aufgegangen ist und man eine jüngere kennengelernt hat, mit der man künftig sein Geld verjuxen will. **Aber**...
Wortreich wird dem Interessenten dargelegt, daß die Situation beinahe an einen Trauerfall grenzt. Man möchte nicht verkaufen, ist es aber nun mal der eigenen gesellschaftlichen Position schuldig und würde sich freuen, »wenn Sie sich gleich entscheiden wollten. Dann wüßten wir ihn wenigstens in guten Händen.«
Der Wagen ist **scheckheftgepflegt**. Das überzeugt den Interessenten. Er stellt sich ein paar Scheckhefte vor, die wie ein eifriges Heer Heinzelmännchen um den Mercedes wimmeln und ihn wienern, bis es schöner nicht mehr geht. Er zückt sein eigenes Scheckheft, schaut es mißtrauisch an und fragt sich, ob es wohl auch in Vollmondnächten, wenn er in tiefem Schlafe schnarcht, in die Garage schleicht und dort Scheckheftpflege treibt. »Ihr Wagen wird es gut bei mir haben«, verspricht er und unterschreibt. Da zieht der Gefährte fort, in die Fremde.
Der Mercedesfahrer hält die Idee der Familie und der Treue hoch. Er legt seinem aus humanitären Gründen (z.B. Urlaub) eingeschläferten Hund einige Wochen lang Blumen aufs Grab. Er bekommt feuchte Augen, wenn er den alten Mercedes zufällig mit seinem neuen Besitzer vorbeifahren sieht. Ob er ihn auch gut behandelt? Ingrid bemerkt: »Dieser gräßliche Aufkleber ist jedenfalls neu.«

DAS WÜRDIGE ENDE

Hier gibt es eine schlimme Lücke. Immer noch werden Mercedesse, wenn sie denn den letzten Weg antreten müssen, auf pietätlose Schrottplätze zum

»Ausschlachten« gegeben. Nichts gegen Organspenden. Aber hätte der treue Wagen nicht einen wirklichen Autofriedhof als letzte Ruhestätte verdient?, Von Efeu umrankt rostet er vor sich hin. Im Winter wird allen eine Brise Streusalz gegeben, dann geht es schneller. Oder sollten Mercedesse richtig beerdigt werden[25]? Auch die Seebestattung sollte erwogen werden. Darauf kommt es bei der Nordsee nun auch nicht mehr an.

---

[25] Sparsame Mercedesbesitzer wählen die Urnen-Variante und lassen den Wagen vorher in der Presse zum Würfel formen.

Listige Geschenke für Autofahrer

12,80 (02176)

12,80 (02181)

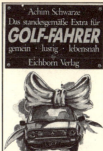

12,80 (02175)

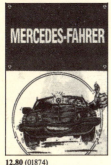

12,80 (01874)

12,80 (02178)

12,80 (02180)

12,80 (02177)

12,80 (01881)

12,80 (02184)

EICHBORN

HANAUER LANDSTRASSE 175 · D-6000 FRANKFURT 1
TELEFON (0 69) 40 58 78-0 · FAX (0 69) 40 58 78-30

Schlagfertig in aller Welt

EX CATHEDRA
Gebildet reden. 16,80 (01256)

Mehr
Latein für Hochstapler
Brillieren. 16,80 (01258)

A LA MODE
Fein parlieren. 12,80 (01257)

HOT STUFF
Smart reden. 12,80 (01255)

Schimpfkanonade. 10,— (03006)

Amerikanisch quatschen. 10,— (01265)

Gib's ihm! 5,— (01968)

Außerdem lieferbar –
die Schimpfbücher:

FRANZÖSISCH. 5,— (01969)
ITALIENISCH. 5,— (01970)
SPANISCH. 5,— (01971)

Und die
Liebes-Wortschätzchen:

ENGLISCH. 5,— (2034)
FRANZÖSISCH. 5,— (02035)
SPANISCH. 5,— (02037)

Schmusi-Amore! 5,— (02036)

EICHBORN
HANAUER LANDSTRASSE 175 · D-6000 FRANKFURT 1
TELEFON (0 69) 40 58 78-0 · FAX (0 69) 40 58 78-30